56

新世纪心理与心理健康教育文库

Xinshiji Xinli Yu Xinlijiankangjiaoyu Wenku

大学生心理健康教育

Daxuesheng Xinlijiankangjiaoyu

邓丽芳 郑日昌◆主编

Deng Lifang Zheng Richang

开明出版社

新世纪心理与心理健康教育文库

编 委 会

总 序

Sequence

早在上个世纪70年代就有专家预言：21世纪是心理学的世纪。21世纪人类所面临的最大挑战，不是其他，而是心理困惑和心理问题。

进入新世纪，我国社会主义物质文明、政治文明、精神文明建设不断加强，综合国力大幅度提高，人民生活显著改善。同时，我们也要看到，我国已进入改革发展的关键时期，经济体制深刻变革，社会结构深刻变动，利益格局深刻调整，思想观念深刻变化。这种空前的社会变革，给我国发展进步带来巨大活力，也必然带来这样那样的矛盾和问题。例如，城乡、区域经济社会发展很不平衡；就业、收入分配、社会保障、教育、医疗、住房等方面关系群众切身利益的问题比较突出；一些社会成员诚信缺失、道德失范；一些领域的腐败现象比较严重等。这些矛盾和问题让人们感到心理困惑，时刻冲击着人们的心理承受能力。

2006年，中共中央《关于构建社会主义和谐社会若干重大问题的决定》明确指出：我们必须坚持以人为本。要注重促进人的心理和谐，加强人文关怀和心理疏导，引导人们正确对待自己、他人和社会，正确对待困难、挫折和荣誉。要加强心理健康教育和保健，塑造自尊自信、理性平和、积极向上的社会心态。心理和谐是构建和谐社会的心理基础和重要标志。胡锦涛同志指出："科学发展观，第一要义是发展，核心是以人为本。"以人为本就必须重视人、尊重人、关心人、爱护人，就必须重视人的心理发展。加强心理健康教育和心理保健，不断提高人们的心理素质，帮助人们形成积极心理品质，为和谐社会建设奠定和谐的心理基础已经成为举国上下的共识。

促进人的心理和谐需要有科学心理学指引，加强心理健康教育需要有合适的教材。近年来，国内虽然也陆续出版了一些心理学或心理健康教育方面的图书，但不够系统，缺乏总体规划。正因为如此，我们组织了一批心理学专家、学者，编写了这套反映我国心理学发展及心理健康教育理论成果的“新世纪心理与心理健康教育文库”。

“新世纪心理与心理健康教育文库”具有系统性。文库参照心理学学科体系和我国现实需要，分为基础理论、应用理论和技术与实践三个系列。

“新世纪心理与心理健康教育文库”具有权威性。文库是国家出版基金资助项目；文库撰稿人的选择面向全国，每一本图书都由该领域的专家学者撰稿；文库的统稿工作由国内权威心理学家和心理健康教育专家负责完成。

“新世纪心理与心理健康教育文库”具有前沿性。文库在全国范围选聘心理学和心理健康教育领域的专家学者撰稿，既可以吸收心理学与心理健康教育的权威理论和最新研究成果，也可以保证所选内容资料贴近时代、贴近生活、贴近实际。

“新世纪心理与心理健康教育文库”具有实用性。文库在强调系统性、理论性、科学性的同时，更加强调实用性。力求做到理论联系实际，给出的理论实用，给出的技术可行，给出的方法可操作。

“新世纪心理与心理健康教育文库”理论性、实用性、资料性、工具性兼备，是心理学与心理健康教育的“百科全书”。它可以作为从事心理与心理健康教育工作的管理者和研究者的参考书、工具书；可以作为心理健康教育教师继续学习、自我提高的自修图书；可以作为心理健康教育教师的培训用书；可以作为师范院校心理与心理健康教育专业的教材或参考书。

我们相信，“新世纪心理与心理健康教育文库”对于从事心理与心理健康教育工作的人士会有所帮助；对于我国的心理与心理健康教育工作会起到推动促进作用；对于促进人的心理和谐、促进社会心理和谐会发挥一定作用。

我们希望，这套文库能够得到广大心理与心理健康教育工作者的认可、接纳。

郑日昌

于京师园

前 言

Preface

在高校开展心理健康教育，已得到社会的广泛认同，它顺应了时代的要求，也顺应了大学生自我成长的需求。心理健康教育的目的是让大学生更好地认识自己，提高其心理素质，形成良好心理健康状态，以有利于他们的终身发展。

心理健康教育越来越受到学校的重视。实施和落实心理健康教育已成为现代学校的标志，成为彰显学校特色的一个重要方面。当前大多数学校聘请了专、兼职心理教师，建立了心理咨询中心，设立了心理健康课程，开展了丰富的心理健康教育活动。

中共中央国务院、教育部多次发文强调心理健康教育的重要性；心理和教育工作者也提出了一些理论和方法，指导高等院校开展心理健康教育。

为了让心理健康教育真正成为素质教育的一项重要内容，我们必须营造良好的社会氛围，让全社会关注心理健康教育，认识到心理健康教育是有用的、必需的。基于这一想法，我们编写了这本书。

本书共九章内容。第一章绪论，让读者对心理健康和大学生心理健康有一个系统的了解。第二章大学生心理健康教育的组织与管理，从组织机制、心理辅导室建设、心理档案建设、心理教师管理和绩效评估等方面进行了阐述。第三章大学生人格及其发展辅导，阐述了人格的含义和常见的人格障碍，以及大学生如何塑造健全的人格。第四章到第六章，分别对大学生的人际适应、学习适应、生活适应几个方面进行了阐述，包括大学生适应现状概述以及针对性的辅导和教育等。第七章大学生情绪及情绪管理的辅导，对大学生情绪特点进行了阐述，也重点介绍了情绪管理的教育辅导。第八章大学生恋爱与性心理辅导，分别对大学生恋爱心理和现状，以及大学生性生理、性心理的特点和教育辅导进行了具体阐述。第九章大学生生涯规划的辅导与教育，阐述了大学生生涯规划的含义、原则、任务，以及大学生职业生涯规划的具体实务。

本书集系统性、科学性和实用性为一体，从含义、内容、途径、管理等方面对大学生心理健康教育进行了系统、科学的阐述，旨在为大学心理健康教育工作的开展提供一系列理论、策略和方法。本书将使读者认识到心理健康教育是有意义的工作，是预防教育，更是现代积极心理学思想的体现。

在本书编写过程中，我们广泛参考了国内外的相关著作，吸收了有关研究成果，在此致以诚挚的谢意和敬意。

由于作者水平所限和时间紧迫，书中定有诸多疏漏之处，恳请各方专家和广大读者批评指正，不吝赐教。

郑日昌

于京师园

目 录

Contents

第一章　绪论

【本章提要】

本章主要介绍心理健康的内涵和评价标准、大学生常见的心理健康问题，以及大学生心理健康教育工作的主要内容。其中还包括大学生的身心发展特点、常见心理问题的成因与对策、大学生心理健康教育工作的主要内容与实施途径等。

【学习重点】

1. 心理健康的内涵
2. 心理健康的评价标准
3. 大学生的身心发展特点
4. 大学生心理健康问题的成因分析
5. 大学生心理健康教育的内容与实施途径

【重要术语】

心理健康　心理健康的评价标准　大学生心理健康教育

第一节　心理健康

一、心理健康的内涵

（一）中国古代有关心理健康的思想

关于心理因素致病的论述，在我国古书中有不少记载，散见于《诗》、《礼》、《易》、《左传》及其他史书之中。

早在春秋之初，我国著名的思想家管仲就对心理健康问题有所论及，他将正常人的心理状态分为善心、定心、全心、大心等多种层次。《管子》中提到："凡道无所，善心安爱"；"定心在中，耳目聪明"；"心全于中，形全于外，不逢天灾，不遇人害"；"大心而敢，宽气而广，其形安而不移"。他强调心神安静、节欲去凶、独乐其身等修身养性之道。他还论证了欲求与情感的相互关系："凡人之情，得所欲则乐，逢所恶则忧，此贵贱之所同有也。近之不能勿欲，远之不能勿忘。"意即人的情感，是以欲求的满足与否为转移的，欲求满足则生乐，欲求未满足就忧虑；情感反过来也会增加欲求的强度，欲求不被满足时非但不会消失，反而会在情感刺激下更加旺盛，以致产生破坏行为。

著名思想家、教育家孔子对心理健康问题也有过不少真知灼见。他根据发展的观点，提出了人在不同年龄阶段的心理保健任务：“少之时，血气未定，戒之在色；及其壮也，血气方刚，戒之在斗；及其老也，血气既衰，戒之在得。”他还主张教师要关心学生、公正无私、以身作则、勇于改过、乐观向上、情绪稳定、三思而行、态度庄重、宽以待人，只有这样才能保证和引导学生踏上心理健康之路。

道家的创始人老子力主“恬淡”、“素朴”、“清静”、“知足”为养心之根本。他竭力提倡人们要“甘其食，美其服，安其居，乐其俗”，不要有过分的欲求，即所谓的“知足不辱，知止不殆”。他还提倡要以“致虚极，守静笃”来修身治性，以“见素抱朴，少私寡欲”来免除忧难。

庄子更主张无情无欲，认为情欲有害于德、性。他说：“悲乐者，德之邪也；喜怒者，道之过也；好恶者，德之失也”，“恶欲喜怒哀乐六者，累德也”，“将盈耆欲，长好恶，则性命之情病矣”。在庄子看来，情欲累德伤性，必须予以涤除。

荀子重视治气、养心。所谓治气，就是调理性情；所谓养心，就是讲究心理卫生。他说：“治气、养心之术：血气刚强，则柔之以调和；知虑渐深，则一之以易良；勇胆猛戾，则辅之以道顺；齐给便利，则节之以动止；狭隘褊小，则廓之以广大；卑湿重迟贪利，则抗之以高志；庸众驽散，则劫之以师友；怠慢僄弃，则炤之以祸灾；愚款端悫，则合之以礼乐，通之以思索。”荀子养心术的特点在于针对自身的缺陷进行自我矫正和修炼，努力以积极的心态去克服消极的心态。

另外，《左传》中记载医和的话：“晦淫惑疾，明淫心疾”，意即一个人若宴寝过节，心理就会混乱，而思虑过烦，就会产生心理异常。怎样使人做到心理健康呢？人的心理方面，像生理方面一样，要“和”不要“同”。“和”与“同”是极不一样的。“和”谓“阴阳相生，异味相和”（《国语·郑语》）；“寒暑相顺”（《左传·文公五年》）；“小大相成，终始相生”（《礼记·乐记》）；“劳逸更递”（《左传·昭公元年》）。“和”对于人的心理方面，与它对于人的生理方面一样，是有益处的。

《吕氏春秋》中也说过：“大甘大酸大苦大辛大咸五者充形，则生害矣；大喜大怒大忧大恐大哀五者接神，则生害矣；大寒大热大燥大湿大风大霖大雾七者动情，则生害矣。故凡养生，莫若知本。知本则疾无由至矣。”

《汉书》也提到过疾病的心理机制问题，如：“臣闻乐太甚则阳溢，哀太甚则阴损。阴阳变则心气动，心气动则精神散而邪气及。”以上所说的是思虑和喜怒忧恐哀乐过度，对于健康的害处。当然，“不及”也是有害的。正如《左传·昭公元年》孔疏：“神不用则钝，形不用则痿，不可久逸也。”应该做到“劳逸更递”才好。

这些论述都旨在说明人的身体和精神均不可久劳，也不可久逸，而应该劳逸更替，顺应天时地利，这样才可以保持心身健康。

（二）西方心理学的心理健康理论

自 1879 年科学心理学诞生之后，一直有诸多心理学派和大批心理学家关注人的心理健康问题。他们从不同的角度阐述了心理疾病产生的机制，有的从人的心灵深层挖掘心理障碍的起因；有的从外显行为推测早期不良习惯的形成；有的从内部认知窥探人格异常的源起；有的侧重人的价值与潜能的发挥对心理保健的作用；有的强调家庭、社会、文化因素对人的心身健康的影响；有的干脆将心理病态视为性的欲望得不到满足使然。可谓众说纷纭，并相应形成了很多心理治疗的方法。例如，由弗洛伊德（S. Freud）一手创立起来的精神分析理论将人格结构划分为本我、自我和超我。该理论认为假如一个人人格的三部分之间处于和谐、平衡、协调、统一的状态，那他的心理活动就是健全的，他便能顺利地与外界交往，有效地满足自己的基本需要和欲望，实现自己的追求与理想。假如其人格的三部分处于矛盾、对立、冲突、分裂、背离的状态，即平衡关系遭到破坏时，那么他的精神生活就是失衡、失调的，他便无法过正常的生活，甚至会患神经症。以华生为首的行为主义者则认为人的各种心理疾病和躯体症状也都是通过系统原则而习得的，都可看成是一种适应不良或异常行为反应。这些适应不良行为都是患者在过去的生活经历中，经过条件反射过程而固定下来的。而马斯洛（A. H. Maslow）的人本主义心理学则认为理想的健康人应有“自我实现者”的心理特征。自我实现是指个人特有潜能的发挥，即指个体达到最高的发展水平。罗杰斯（C. R. Rogers）认为人类有机体有一种天生的“自我实现”（self - enhancement）的动机，表现为一个人最大限度地实现各种潜能的趋向。他认为如果一个人的经验同他天生的自我实现趋向相一致，就会产生一种积极的经验。当一个人的行为产生积极的机体经验，同时又受到他人的积极评价和尊重时，他的人格就能正常发展。反之，当一个人体验到自己的想法和行为得不到他人的尊重时，就会产生焦虑体验，并可能采取某种防御机制歪曲或回避真实的感情，引起人格的混乱。认知心理学的观点认为人的情绪、情感及动机、行为主要决定于认知活动，主张通过改变人的认知活动并结合具体的行为技术来矫正不良行为、治疗心理疾病。

（三）心理健康的内涵

早在 1929 年，美国第三次儿童健康及保护会议就指出：心理健康是指个人在其适应过程中，能发挥其最高的智能而获得满足、愉快的心理状态，同时在其社会中能谨慎其行为，并有敢于面对现实人生的能力。

1946 年，第三届国际卫生大会指出：所谓心理健康是指在身体、智能及情感上与他人心理健康不相矛盾的范围内，将个人心境发展成最佳状态。

世界卫生组织（1947）对健康的定义为，健康乃是一种躯体上、心理上和社会上的完满状态，而不仅仅是没有疾病或虚弱。因此，有学者提出心理健康同躯体健康一样，指情绪和心理的良好状态（a state of emotional and mental well - being)，而不仅仅是没有心理问题或心理疾病。

《简明不列颠百科全书》指出：心理健康是个体心理在自身及环境条件许可范围内所能达到的最佳功能状态，但不是指十全十美的绝对状态。

日本学者松田岩男认为：所谓心理健康，是指这样一种心理状态，即人对内部环境具有安定感，对外部环境能以社会认可的形式适应。

英格利希（H. B. English）定义：心理健康是指一种持续的心理情况，当事者在那种情况下具有生命的活力，能作良好适应，并能充分发展其身心的潜能，这是一种积极的、丰富的情况，不仅是免于心理疾病而已。

精神医学专家门宁格（K. Menninger）用自我控制和应对生活挑战的能力定义心理健康，并认为个体的心理健康水平可以分为不同的等级，由最佳心理健康到严重的精神疾病，构成心理健康/疾病连续谱，体现了适应和发展的有机结合。他认为，心理健康是指人们对于环境及相互间具有最高效率及快乐的适应情况，不只是要有效率，也不只是能有满足之感，或是能愉快地接受生活的规范，而是需要三者兼备。心理健康的人应能保持平静的情绪、敏锐的智能、适应社会环境的行为和愉快的气质。

社会学家贝姆（W. W. Boehm）认为：心理健康就是合乎某一水准的社会行为，一方面能为社会所接受，另一方面能为本身带来快乐。

心理卫生学者阿克夫（A. Arkoff）认为心理健康是指具备“有价值心质”(valued qualities)，包含以下九项内容：幸福感；和谐；自尊感；个人成长；个人成熟；个人统整性；保持与环境良好接触；有效适应环境；从环境中自我独立。

舒尔茨（D. Schultz，1977）把心理健康看做是人的积极心理品质与潜能的最全面发展。

迪纳（Diener，1984）从主观幸福感的角度把心理健康定义为两个结构的结合：积极的情绪（如幸福感）以及对个人生活是否可接受的认知判断。

我国台湾学者柯永河（1980）认为：良好习惯多、不良习惯少的心态，谓之健康；不良习惯多、良好习惯少的心态，谓之不健康。

台湾学者白博文（1986）认为：心理健康者应做到良好适应，以达到自我实现的心理状态，个体应具备内在的满足和外在的和谐。

按照中国心理卫生协会最新编写的《心理咨询师资格培训教材》上的说法，所谓心理健康，是指人的心理，即认知、情绪和意志活动的内在关系协调，心理的内容与客观世界保持统一，并据此能促使人体内、外环境平衡和促使个体与社会环境相适应，由此不断发展健全的人格，提高生活质量，保持旺盛的精力和愉快的情绪。

我们认为，适者生存，健康就是适应，就是机体与环境的动态平衡。对自然环境的适应主要是生理（或身体）健康问题，而对社会环境的适应则主要是心理（或精神）健康问题。心理健康是指个体智力正常，情绪良好，行为适当，在积极认识、改变环境以满足个体需要与努力认识、调整自我以符合环境要求之间，不断取得动态平衡，从中体验到内心的和谐与幸福。

心理健康不是指一个人对任何事物都能愉快地或无条件地接受，而是指其在对待环境和问题冲突的反应上，能更多地表现出积极的适应倾向。因此，心理健康是一种积极向上的、高效而满意的、持续的心理状态。

二、心理健康的评价标准

心理健康标准是心理健康概念的具体化。国内外学者提出的心理健康标准不尽相同。下面列举一些相关研究文献中的心理健康标准。

1946 年召开的第三届国际卫生大会指明心理健康的标志是：1. 身体、智力、情绪十分调和；2. 适应环境，人际关系中能谦让他人；3. 有幸福感；4. 在工作和职业中，能充分发挥自己的能力，过有效率的生活。

《简明不列颠百科全书》指出心理健康的具体标准是：1. 认知过程正常，智力正常；2. 情绪稳定乐观，心情舒畅；3. 意志坚强，做事有目的；4. 人格健全，性格、能力、价值观等均正常；5. 养成健康习惯和行为，无不良行为；6. 精力充沛地适应社会，人际关系良好。

美国人格心理学家奥尔波特（G. W. Allport）提出了健康的六条标准：1. 力争自我的成长；2. 能客观地看待自己；3. 有统一的人生观；4. 有与他人建立亲密关系的能力；5. 获得人生所需的能力、知识和技能；6. 具有同情心，对生命充满爱。

美国心理学家马斯洛和米特尔曼（Maslow & Mittelman）提出的心理健康标准是：具有适度的安全感；具有适度的自我评价；具有适度的自发性与感应性；能与现实环境保持良好的接触；适度接受个人的需要；有自知之明；能保持人格的完整与和谐；有切合实际的生活目的；具有从经验中学习的能力；在团体中能与他人建立和谐的关系；在不违背团体的原则下能保持自己的个性。

美国学者杰何达（M. Jahoda，1953）的研究表明，健康的人应具备以下特点：自我接纳和自信；了解生活，努力使个人生活更丰富；个性的统合；拥有自主权和现实性；认为他人的内心生活值得重视；能够证实其充分的人际技能（如适应力、解决问题的能力、给予爱和接受爱的能力等）。海托华（E. Hightower，

1988）对四个健康个案的研究也支持杰何达的观点，并有所发展。

美国心理学家斯科特（Scott，1968）认为，判别一个人是否异常，要看他是否体验到忧郁、不愉快等负性情绪，或是当其不能自我控制某些行为时是否寻找帮助；同时要考察别人是否认为他不正常。

美国学者科尔曼（J. C. Coleman）认为，判定一个人心理是否健康，要看他的行为是否与所处环境相协调，或者说他的人际关系是否恰当，以及他对社会事件和社会关系的态度是否符合社会要求。

德国学者克雷佩林（E. Kraepelin）坚持认为，判断一个人心理是否异常要看是否有导致异常的原因和是否存在异常症状。

舒尔茨（1977）归纳出五项心理健康标准：1. 能够控制自己的生活；2. 能认识自己是怎样的一个人；3. 能正视现实；4. 能向新目标或新经验挑战；5. 有独特的人格特质。这是一种个人成长的心理健康理论，即认为心理潜能的发展是一个人全面发展的前提条件。

马尔普格认为心理健康的标准有五条：1. 有明确的生活目标；2. 有独立及时的判断和决断力；3. 有理性战胜感情的能力；4. 对劳动有认真的态度；5. 对别人有鲜明的独立性。

科泽尔认为心理健康的标准有九条：1. 具有道德责任感和成熟的敏感性；2. 十分关心别人的福利和得失；3. 丢掉敌视和怨恨；4. 对现实没有大的歪曲；5. 有自知之明；6. 能够对付人格中的危险因素；7. 能够对抗原始犯罪行为的强烈作用；8. 对过去的行为敢于负责；9. 完全懂得社会中的自由包含着满足和责任的因素。

唐纳利（Donnelly，2001）指出心理健康的特性包括以下十条：1. 对生活充满积极观念；2. 对生活有现实的期望与方式；3. 对情绪的有效管理；4. 良好的人际关系；5. 既不完全依赖他人又能从他人处获得帮助；6. 无不良嗜好；7. 精神正常；8. 有效的应对技巧；9. 诚实的自尊；10. 能客观、现实、准确地看世界。

我国学者也对心理健康的标准提出了自己的见解。

我国传统文化虽没有直接提出“心理健康”，但在有关“人”和如何做人方面，以及理想人格的论述上，体现了心理健康者的特征。佐斌（1994）认为，中国传统文化中的心理健康观主要有以下六点：1. 具有良好的人际关系；2. 适当约束自己的言行；3. 保持情绪的平衡与稳定；4. 正确认识周围环境；5. 抱有积极的生活态度；6. 完善的自我发展目标。

我国台湾学者黄坚厚教授（1976）针对心理健康提出以下标准：1. 心理健康的人是有工作的，而且能在工作中发挥自身的智慧和能力，以获取成就；同时他常能从工作中得到满足之感，因此他通常是乐于工作的。2. 心理健康的人是有朋友的，他乐于与人交往，而且常能和他人建立良好的关系。他在与人相处时，正面的态度（如尊敬、信任、喜悦等）常多于反面的态度（如仇恨、嫉妒、怀疑、畏惧、憎怒等）。3. 心理健康的人对于他本身应有适当的了解，并进而能有悦纳自己的态度，他愿意努力发展其身心的潜能，对于无法补救的缺陷，也能安然接受，而不作无谓的怨尤。4. 心理健康的人应能和现实环境保持良好的接触，能对环境作正确的、客观的观察，以及健全的、有效的适应。

《云五社会科学大辞典》则主张以整个行为的适应情况为基准，而不过分强调个别症状的有无。其心理健康的标准为：乐于工作，且能将本身的知识与能力在工作中表现出来，并能于工作中获得满足感；能与他人建立和谐的关系，且乐于与人交往，对人的态度常为正面态度多于反面态度；对自身有适当的了解，并能有悦纳的态度，愿意努力发展其身心潜能；对于自身无法补救的缺陷，也能安然接受；和现实环境有良好的接触，并能作健全的适应，对生活中的各项问题能用切实有效的方法谋求解决，而不企图逃避。

王极盛认为心理健康有六条标准：1. 智力正常；2. 情绪稳定而愉快；3. 行为协调；4. 反应适度；5. 人际关系适度；6. 心理特点和年龄相符合。

朱永新把心理健康的标准归纳为以下六点：1. 认知健康适应；2. 情感饱满适度；3. 意志坚强可控；4. 个性和谐统一；5. 人际关系和谐；6. 杜绝心理异常。陈永胜在此基础上又增加了四条：1. 自我意识客观；2. 社会适应良好；3. 人生态度积极；4. 行为表现规范。

刘华山（2001）认为，心理健康的标准有以下六条：1. 对现实的正确认识；2. 自知、自尊与自我接纳；3. 自我调控能力；4. 与人建立亲密关系的能力；5. 人格结构的稳定与协调；6. 生活热情与工作效率。

马建青（2011）结合大学生的年龄特征、心理特征和社会角色特征，提出我国大学生心理健康的基本标准为：1. 智力正常；2. 情绪健康；3. 意志健全；4. 人格完善；5. 自我评价客观；6. 人际关系和谐；7. 社会适应良好；8. 行为协调适度。

樊富珉等（2006）将大学生心理健康标准概括为七条：1. 能保持较浓厚的学习兴趣和求知欲望；2. 能保持正确的自我意识和自我接纳；3. 能协调与控制情绪并保持良好的心境；4. 能保持和谐的人际关系且乐于交往；5. 能保持完整统一的人格品质；6. 能保持良好的环境适应能力；7. 心理行为符合年龄特征。

通过以上文献研究，并结合以往高翔等研究者对心理健康标准的分析和阐述（高翔，2005），我们将心理健康的标准整合为以下“六种依据”和“两项原则”。

（一）六种依据

1. 统计学依据。这种标准以统计学上的正态分布理论为基础，根据个人的心理行为是否偏离某一人群的平均值来区分其心理健康与否。这种标准的优点在于可使心理健康状态客观、具体、量化，便于比较和分类，易于操作，反映了心理健康标准的相对性。但并非所有的心理健康现象都是正态分布的，也不是所有对平均值的偏离都意味着心理健康有问题。健康与不健康是相对的，它们之间并无明确的数量界限。

2. 社会规范依据。这种标准以每个社会都有某些被大多数人所接受的行为标准为前提，认为符合公认的社会行为规范为健康，反之，则被视为异常。应该承认，以对社会规范的适应程度作为判定心理健康的标准是必要的，但社会规范本身存在着地域性、历史性方面的局限，因为各个社会的政治制度、文化背景、风俗习惯不同，因而衡量一个人的行为是否符合社会标准也就随之有异；另外，社会规范也会随着社会的进步而发生变化，现在一度被看成是不符合社会规范的行为，将来也许正是社会所推崇的。任何一个社会的革命者都是不符合社会规范的，但并不代表其心理不健康。

3. 医学症状依据。这种标准是从医学角度来进行确定的，认为没有心理疾病症状者为心理健康的人，凡表现出心理疾病症状者为心理不健康的人。这种医学标准相对于其他标准而言，较为客观也较少存在争议，然而由于偏重于病因与症状，使得其适用范围狭窄。

4. 日常适应依据。这种标准认为，在日常的社会生活中，善于学习、生活适应者为正常，学习生活适应困难者则为异常。这种标准有一定道理，现实中赞成这一标准的人也不少，但实际上学习、生活适应的好与坏并不完全由心理素质决定，因而也有其局限性。

5. 以心理成熟与发展水平为依据。这种标准认为个体身心两方面成熟和发展相当者为正常，心理发展水平较同龄人明显低者为异常。以这种标准来判定心理健康与否具有一定的合理性，但会面临这样一个问题："智力超常者是一种异常，这种异常又该是怎样的异常呢?"此外，这一标准还忽视了个体的社会性，缺乏客观性和可操作性。

6. 以人格是否健全为依据。这种依据以积极心理学的相关理论为根基，强调积极取向的心理健康观。积极取向的心理健康强调个体要拥有积极的心理体验和功能，如积极情感、生活满意度、自我接受、自主等，体现了人们对健全人格的追求，也体现了人们对更高生活品质的追求。

（二）两项原则

1. 众数原则。该原则基于两个假设而建立：一是在任何时候，组成社会的大多数成员都是健康的，不健康的永远是少数；二是社会是健康的，不健康的永远是个体。基于这种原则对心理健康的界定强调的是生存标准，强调个人对社会的适应，强调与社会上大多数人的行为表现一致，顺应主流文化。

2. 精英原则。该原则以马斯洛为代表，他认为自我实现的人是其内在本性发展得最为充分的人，这样的人才代表着真正的心理健康。其他人本主义者的思想也基本一致，如罗杰斯把心理健康看做“机能充分发挥”，奥尔波特将其看做“成熟”，弗洛姆（E. Fromm）将其看做“有创造力”，等等。

就目前的研究现状来看，多数研究者认识到在心理健康标准的探讨上，固执于生存标准（众数原则）或发展标准（精英原则）的任何一端都是不适宜的，生存与发展两大标准应协调，完美的精神健康（即心理健康）是生存标准（众数原则）与发展标准（精英原则）的结合（金德初，1993）。

第二节　大学生心理健康概述

一、大学生身心发展的一般特点

人的成熟发展必须具备三个基本条件：一是身体发育成熟，以个体生理成熟特别是性成熟为标志；二是心理发展成熟，以个性的成熟稳重主要是自我意识的完善为标志；三是社会化程度提高，以个体对自己在社会中所扮演的角色以及所担负的社会责任的正确认识为标志。这三个条件达到成熟水平，则形成完整的人格。在这里，生理的发展和心理的成熟是人的社会化的基础，同人生的发展有着十分密切的关系。

（一）大学生的生理发展

生理发展是心理发展的物质基础。大学生的生理发展正处于迅速走向成熟的时期。人从出生到成熟，成长发育要经历两次高峰，第一次是一岁左右，第二次是十一二岁到十七八岁之间。在生长发育的高峰中，身体的形态、肌肉、骨骼等迅速变化。大学生正处于生长发育第二个高峰的后期，从生理发展看，已经历了第二次快速生长期，并到了成长稳定期，骨化逐渐完成，身体形态日渐定型，各器官各系统的机能日益完善成熟。因此，大学生的生理发展不仅为独立生活和学习提供了必要的生理前提，而且直接影响心理发展，使大学生的成人感增强，强烈要求自主独立，精力充沛，朝气蓬勃，愿意处处显示自己的能力。

（二）大学生的心理发展

在生理发展的基础上，大学生的心理发展处于迅速走向成熟，而又未完全成熟的阶段。因此，这一阶段在心理发展方面表现出以下一些特征。

1. 智力发展达到高峰

由于大脑机能不断增强、生活空间不断扩大、社会实践活动不断增多，大学生各项智力因素已达到成熟状态。他们不再满足于现象的罗列和现存的状况，而是主动深入地探究事物的本质规律，充分发挥抽象思维能力和创造力。这个时期他们的感觉和知觉灵敏，记忆力和思维能力增强，逻辑思维能力逐步占据主导地位，通过分析、综合、抽象、概括、推理、判断来反映事物的关系和内在联系，并能从一般的逻辑思维向辩证思维过渡，更多地利用理性思维，而且思维的独立性、批判性、创造性都有显著提高。但他们的抽象思维能力并没有达到完全成熟的程度，思维品质发展不平衡，思维的广泛性、深刻性、敏感性发展较慢，尤其在运用唯物辩证法和理论联系实际的观点看问题时显得理性不足，容易把问题看得过于简单而陷入主观臆断的境地。

2. 自我意识增强但容易出现偏差

自我意识是指人对自身的认识及对周围事物关系的各种体验。它是认知、情感、意志的综合体，是人心理发展过程中一个极为重要的方面。自我意识的发展与年龄有关，而且与人的知识水平有关。青年大学生随着对外界认识的不断提高，生活经验的不断丰富，开始关注自己的内部世界，迫切要求了解自己和发展自己，出现了主我与客我、理想自我与现实自我的分化，力图从理想与现实的关系中把握自己、认识自己，以追求自我完善。大学生由于脱离了父母的保护，生活空间扩大，独立感、成人感增强，注意力开始从外部世界转向内心世界，自我控制进入了一个新阶段，表现出一系列新特点。如自尊心、好胜心明显加强，要求得到他人的尊重与理解，往往容易过高地估计自己，一旦遇到挫折，容易产生自卑感，不能正确把握自己。

3. 情绪情感日益丰富但不稳定

大学时代是体验人生情感最强烈的时代。这种强烈情感的内容随着知识经验的增多、生活空间的扩大、业余生活的丰富、自我意识的增强而日臻多姿多彩。随着需要的日益增多，大学生的情绪日益丰富而强烈；随着教育的深化和环境的熏陶，大学生的情操迅速发展，理智感、道德感、美感不断升华。虽然大学生已能注意控制自己的情绪，但遇事仍易激动，情绪尚不稳定，带有明显的两极性，有时表现出为真理而奋斗的热情，有时又可能因为现实状况而心灰意冷。由于他们对社会的复杂性、自己欲望的合理性缺乏正确的认识，加之他们自尊心强，又比较“较真”，容易产生较大的情绪波动，甚至走极端。

4. 性意识进一步发展但易导致性心理失衡

所谓性意识，一般指对性的理解、体验和态度。大学生由于性机能的成熟，性意识逐渐增强。他们关心异性，渴望与异性交往，获得情感上的满足。客观上大学的学习、生活环境为他们的交往提供了更多的机会和自由。这一时期的男女交往极其敏感，容易冲动，常表现为激情。但道德、法律、校纪校规的约束容易使他们产生性心理失衡，出现诸如性认知的偏差、性欲困扰、性焦虑等一系列的心理问题，影响大学生正常的学习和生活。因此应特别注意将性科学知识教育和伦理道德教育结合起来，使大学生的性意识走上健康发展的道路。

二、大学生常见的心理健康问题

大学生正处在人生发展的重要阶段，面临着学习、交友、恋爱、就业、成长等种种问题。事实上，大学生中有心理障碍或精神疾病的极少，多数学生遇到的都是一般性心理困扰。但是，由于大学生处于成长的关键时期，即使一般性心理困扰也会在很大程度上影响大学生的发展，而且对一般性心理困扰若不及时调节和疏导，持续发展下去就可能导致心理障碍或精神疾病，有的学生甚至会走上不归路，给家庭和社会造成巨大的损失。因此，大学生的心理健康问题必须引起社会、学校、家庭及本人的高度重视。在大学生中，主要存在以下几方面的心理健康问题。

（一）入学适应问题

这一问题在大学新生中较为常见。新生来自全国各地，各自的家庭背景、受教育环境、成长经历、学习基础等相差很大。来到大学后，在自我认知、同学交往、自然环境等方面都面临着全面的调整适应。例如，一名女同学刚入校不到一个星期就申请退学，原因是不能适应集体生活，晚上睡不着，白天在学生食堂吃饭也没有胃口，时常感到精神紧张，心情烦躁，不能再坚持下去。

（二）学习问题

大学生的主要任务是学习，学习上的困难与挫折对大学生的影响是最为显著的。大量的事实表明，学习成绩差是引起大学生焦虑的主要原因之一。虽然大学生在学业方面是同龄人中的优秀者，但由于大学学习与中学存在很大不同，所以，很多学生都有学习问题，包括学习方法不当、学习态度不端正、缺乏学习兴趣、考试焦虑等。例如，有一位同学因对专业不满意而提不起学习兴趣，经常想着转系或回家重考大学，就这样在矛盾中度过了大学生活的第一个学期，结果期末考试两门课不及格。还有一部分大学生进入大学后离开了家庭的约束，完全放松，甚至迷恋上网络游戏，最后将学业荒废。

（三）人际关系问题

社会心理学的调查研究表明，良好的人际关系状况是一个人心理正常发展、个性保持健康和生活具有幸福感的重要条件之一。大学生渴望友谊，期盼增强人际交往能力，这是普遍的共识，但在实际交往中，易出现以下不同程度的问题：

1. 对交往的重要性认识不清，很少与人沟通；

2. 由于缺乏交往技巧和能力而不敢去交往，产生较强烈的孤独感；

3. 因不良个性而导致不能被人理解、经常与人拌嘴怄气等；

4. 社交焦虑——在别人面前表现得不自在，由于别人的审视或评价，或者仅仅因为别人在场，而导致心烦意乱和不安；

5. 社交恐惧——对于在陌生人面前或可能被别人仔细观察的社交、表演场合，有一种显著且持久的恐惧，害怕自己的行为或紧张表现会引起羞辱或难堪。

（四）情绪调节问题

积极良好的情绪反应，是学生成才的重要因素，也是大学生心理健康中的重要问题。大学生易出现的情绪困扰主要有以下几种。

1. 抑郁。这是大学生最为常见的情绪困扰，主要表现为对事情悲观失望，郁郁寡欢等。它出现的原因大多是客观性的，如亲人病故、情场失意、学习成绩不理想等。抑郁情绪在经过一段时间后，轻度的会逐渐减弱甚至消失，但严重的往往会影响到正常的学习和生活。抑郁情绪严重者如果得不到及时的心理咨询及治疗，就会形成严重的心理疾病，甚至出现自杀行为。

2. 焦虑。焦虑通常包括自信心、自尊心的丧失，失败感、罪恶感的增加等，是由几种情绪混合而成的综合体验。有的大学生由于生活、学习的变化而怀疑自己，过分担心将来。过度焦虑对人的身心会产生不良后果，严重者会导致身心疾病，如神经衰弱、恐惧症、疑病症、强迫症等，从而影响大学生的正常生活和学习。

3. 自卑。自卑者大多性格内向，常常觉得自己处处不如人，总感到别人瞧不起自己，不敢与人交往，因而抑制了自己的才华，不能把握住进取的机会。大学生自卑感产生的原因一般包括缺乏社交能力、口头表达能力差、学习成绩不如别人、恋爱屡遭挫折、生理因素、家境条件不好、经济紧张等，但产生自卑的最主要原因是对自己不恰当的评价和认识。

（五）恋爱与性心理问题

大学生处于青年中后期，性生理成熟是重要特征，与之相伴的性心理也基本成熟。大学生基本上都存在性意识的困扰，比如被异性吸引、性幻想、性压抑、性梦、遇到异性同学脸红等。这种困扰通常只会带来一定程度的不安和躁动。但也有大学生由于青春期教育不够，对性发育成熟缺乏心理准备，对异性的神秘感、恐惧感和渴望交织在一起，由此产生了各种心理问题，严重的还导致心理障碍，如恋物癖、窥视癖等。目前大学生中恋爱现象已相当普遍，与之相伴的失恋现象也越来越多，部分大学生把失恋看成是极端严重的生活事件，这会使他们的情绪、自我评价、人际交往、学习和生活等受到不同程度的打击，由此造成诸多心理问题，严重的甚至会导致精神疾病的发生。

（六）心身疾病

大量事实证明，心理社会因素对健康和疾病都起着极为重要的作用。心身疾病是一组躯体疾病，其发病、发展和防治都与心理因素密切相关。大学生中有一部分患有心身疾病，诸如消化性溃疡、支气管哮喘、偏头痛、紧张性头痛、口吃等，这些疾病给他们的学习、生活、人际交往、自我评价等带来不同程度的损害，影响其心理平衡。

（七）神经症问题

神经症是一种由于心理因素造成的常见病，一般没有任何可以查明的器质性病变，但又确实有心理异常表现，甚至可能表现得非常严重。不过病人对自己的病态有充分的自知力，并能主动求医，生活自理能力、社会适应能力和工作能力基本没有缺损。所以神经症被确定为一组非器质性的、大脑神经机能轻度失调的心理疾病。神经症在大学生中也是较多见的一类心理疾病，主要包括神经衰弱、焦虑症、强迫症、恐惧症、疑病症、抑郁症、癔症等。值得注意的是，有的学生不了解神经症的诊断有严格的标准，而盲目“对号入座”，由此导致的心理问题屡见不鲜。

（八）精神病问题

指的是精神功能受损程度已达到自制力严重缺失的程度，不能应付日常生活要求或保持对现实恰当的接触。精神病分为器质性和功能性两大类。器质性精神病是有明显器质性病因的一类精神病，包括脑部疾患或外伤引起的器质性精神病，以及躯体症状性和中毒性精神病。功能性精神病是目前尚未发现组织结构病变、病因尚不明了的一类精神病，包括精神分裂病、情感性精神病、偏执性精神病及反应性精神病等。精神病常表现为病情严重，不能保持正常的人际关系，常出现幻觉、妄想、思维障碍、自知力丧失等特点。这类病人在大学生中虽不多见，但也是存在的，而且造成的影响很大，值得高度重视。

三、大学生心理健康问题的成因分析

大学生心理健康状态受诸多因素的共同影响，依照现代健康心理学的“生理—心理—社会”模式，可从生理因素、心理因素和社会文化因素等多方面、多维度去考虑和认识。影响大学生心理问题产生的因素十分复杂，可大致将其概括为大学生内在人格因素，外来压力与应激因素，以及其他社会因素。

（一）内在人格因素

1. 气质与个性特征

气质是人的个性心理特征之一，它是指在人的认识、情感、言语、行动中，心理活动发生时力量的强弱、变化的快慢和均衡程度等稳定的动力特征。主要表现在情绪体验的快慢、强弱，表现的显隐以及动作的灵敏或迟钝方面，因而它为人的全部心理活动表现染上了一层浓厚的色彩。它与日常生活中人们所说的“脾气”、“性格”、“性情”等含义相近。在人格成分中，气质类型更多的是源于先天生理因素，而个性特征更多源于后天影响。根据古希腊著名医生希波克拉特提出的气质学说，人体内有四种体液：血液（来自拉丁语 sanguis）、黏液（来自希腊语 phlegma）、黄胆汁（来自希腊语 chole）和黑胆汁（来自希腊语 melanos-chole）。四种体液协调，人就健康；四种体液失调，人就会生病。机体的状态决定于四种体液混合的比例。希波克拉特曾根据在人体内占优势的体液把气质分为四种基本类型：多血质、胆汁质、黏液质和抑郁质。

气质是在人的生理素质基础上，通过生活实践，在后天条件影响下形成的，并受到人的世界观和性格等的影响。它的特点一般是通过人们处理问题、人际交往显示出来的，并表现出个人典型的、稳定的心理特点。不同气质类型的个体，有着不同的高级神经活动类型，这些构成了他们心理健康的先天基础。

另外，每个人都有自己独特的个性特征，对人的心理健康有着非常明显的影响。产生心理健康问题的人大多存在自身人格或个性发展上的缺陷。如：过于拘谨、严格和存在强迫症状；完美化倾向和抑郁、焦虑；意志薄弱和无力应对挫折；思维僵化、呆板和偏执；多疑和敌对；等等。并且，每个人对挫折的容忍力不同，挫折的容忍力是指人适应挫折的能力，即遇到挫折时能免于行为失常的能力。容忍力实际上反映了人对待挫折的态度。有的人心胸开阔，性格乐观，充满自信，能向挫折挑战，百折不挠，直至取得最后胜利。另一些人心胸狭窄，忧心忡忡，遇到挫折便一蹶不振，甚至行为错乱，失去应付能力。

个性特点不仅关系到心理健康，还关系到生理健康，即与许多心身疾病相关。人们往往根据自己的个性特点对致病原因及已形成的疾病作出反应，因此，个体的个性特征往往比引起疾病的病原更能决定疾病的表现。研究表明，各种精神疾病特别是神经官能症，往往都有相应的特殊人格特征为其发病的基础。美国学者弗里曼（Freeman）研究发现，多数心脏病人都具有“A 型性格”。有人还发现癌症患者具有所谓“亚稳定个性”，即以抑制倾向为特征的个性特点。因此，培养健全和完善的人格是预防和减少心理障碍及躯体疾病的一项重要措施。

另外，近年来随着积极心理学的兴起，一些与心理健康有关的积极心理品质也引起了人们的关注。积极心理学关注人的心理机能，重视人潜能的发挥，以促进人的健康成长、激发与培养人的积极情绪、帮助人们快乐与成功、引导人们走向幸福为使命。积极心理学所提倡的一些积极的人格特质对维护和增进人们的心理健康起着重要作用，包括爱的能力、工作的能力、勇气、人际交往技巧、对美的感受力、毅力、宽容、创造性、洞察力等。积极心理学希望找到一条培养个体积极人格特质的有效途径，关注人性中的积极方面，强调采取更加科学的方法来挖掘人的潜力与创造力，激发人的活力，帮助人们树立自信心、坚定生活信念、寻求获得美好幸福生活的观念。

2．情感与冲突

（1）情绪、情感因素

情感问题既是心理健康水平的标志，又是导致心理健康问题的原因。经常波动而消极的情绪状态，往往使人心境压抑，身体衰弱；稳定而积极的良好情绪状态，则往往使人心境愉快，精力充沛，身体健康。所以，培养良好情绪，排除不良情绪，对人的身心健康是十分重要的。一个人若长期处在消极情感之中，会产生更严重的身心问题。人的心理活动总是通过人的情感变化而影响内脏器官的活动。积极、愉快的情感对人的生活起着良好的作用，有助于发挥机体的潜能，提高工作效率，增进人体健康。近代医学科学实验研究已肯定消极情感对身心疾病的发生、发展过程起着不良作用。例如，悲观、无助和失望的情绪会降低一个人的免疫力。情绪在心理状态中起核心作用，情绪异常往往是心理疾病和精神病的先兆，因此，良好的情绪是心理健康的重要保证。

（2）心理冲突

人的需要是多种多样的，也是无止境的。但当一个人面对能够满足自己各种需要的机会时，就会惊讶地发现这些机会之间存在着矛盾，也就是说难以同时兼顾自己的多种需要。这些矛盾就导致了心理冲突的形成。

心理冲突是人们面对难以抉择的处境而产生的心理矛盾状态。心理冲突会带来心理压力，这种压力往往会增大个体适应环境的困难，因而在多数情况下都会对个体的身心健康和工作产生不良的影响。尤其是当冲突长期得不到缓解时，便会产生紧张和焦虑的情绪，严重的还可能导致心理疾病。虽然心理冲突并不一定全是坏事，但剧烈而持久的冲突无疑会有损身心健康，应尽量避免。

3．个体认知方式

对于生活中的挫折或压力事件，每个人都会有相对稳定的认知和归因方式。对于同样的问题，有的人不以为然，就不会产生内在心理压力；有的人忧心忡忡，内在压力由此而生。很多时候，压力是当事人的内心体验，而这些内心体验又会对心身健康构成进一步的威胁。个人对事情过于悲观、消极的认知方式，个体内在需求之间的冲突，期望值过高造成的能力与要求之间的差距等，都会影响心理平衡状态乃至引发心理问题。

4．个体早期经历

（1）成长经历与家庭氛围

对个人心理发展而言，早期教育和家庭环境是影响心理健康的重要因素之一。研究表明，个体早期环境如果单调、贫乏，其心理发展将会受到阻碍，并会抑制其潜能的发展；而受到良好照顾，接受丰富刺激的个体则可能在成年后成为同龄人中的佼佼者。另外，父母的教养态度和教养方式，家庭的类型等也会对个体日后的心理健康产生影响。早期与父母建立和保持良好关系、受到支持和鼓励的儿童，容易获得安全感和信任感，并对成年后的人格发展、人际交往、社会适应等方面有着积极的促进作用。比如，杰克布迪（1980）通过大量的临床观察发现，成年期的抑郁与青春期前爱的持续缺乏和丧失有着密切的联系。

家庭是心灵的港湾，家可以使身心彻底放松，给人以温暖和情感支持，是个体的精神依托和支柱。许多人早在幼年时期就从家庭和父母那里得到爱和温暖，从而对家产生了依恋感。小孩在外面受了委屈，第一个反应往往是回家求援。成年人在遇到了难以独自应对的压力时，家庭同样是坚强的后盾。家里的亲人能提供心理支持，消除压力引发的紧张、焦虑情绪。家能提供精神动力，使人鼓足勇气面对压力。当一个人面临经济困难如下岗、生意失败时，家庭还能提供物质和经济支持，使压力有所减轻，并顺利渡过难关。

（2）早期依恋关系

我们平时所提到的依恋，有恋人间的吸引、父母与子女间的依恋、师生间的依恋等，然而，在心理学上提到依恋，一般是在谈幼儿与父母间的关系。心理学家通过研究发现，个体早期与父母依恋关系的好坏将直接影响其将来的心理发展。如果在个体早期需要安慰与爱抚时，父母能及时予以满足，个体的依恋之情就会逐渐加深，并形成良好的亲子关系。个体从早期对父母产生的信任感，逐渐形成对自身的安全感，进而形成对周围世界的信任感和安全感，为个性的发展奠定良好的基础。反之，如果个体早期寻求安慰与爱抚的需要被忽视或拒绝，便会产生一种不安全感和焦虑的情绪，不利于以后人际关系的发展。

美国心理学家安斯沃思（M. D. Ainsworth）通过对个体早期的依恋行为进行实验研究，指出个体早期的依恋行为可以分为三种类型：安全型、反抗型、回避型。不同的依恋类型影响着个体早期在其他方面的行为，进而影响成年后的心理发展乃至心理健康状况。例如：安全型的个体倾向于和父母有良好关系，他们常遵守规则，也愿意学习新的东西，较容易适应新环境；反抗型的个体则经常用焦虑和反抗来对待父母的帮助；回避型的个体似乎没有特殊问题，但是因为他们的被动性，常使父母在某些方面对他们丧失信心。

（二）外来压力与应激因素

压力是指打破了平衡状态的个体与环境之间的关系，又被称为心理应激（R. Lazarus，1984；C. A. Darling，2007）。作为人生活中很重要的一部分，适当的心理压力可以促使人进步，但是过于强烈、持久的压力会对人产生负面影响，损害人的身心健康，使人在其他致病因素的影响下罹患上各种身心疾病（J. S. Nevid，2006；T. F. Otman，2006）。尤其是那些来自于日常生活中的慢性应激事件，如果个体没有一个良好的应对方式，会对心理健康产生更为重大的损害（G. Andrew，1978；K. Chamberlain，1990；Abela，2007；Mcintosh，2009；L. Lu，1994）。

压力是大学生心理健康问题的重要影响因素。目前大学生群体的主要压力源在学业、经济、人际等方面（Humphrey，2003；A. Arthur，1998；C. S. Goldman，1997）。这些压力源对于大学生心理疾病的主效应已得到了许多研究的证实。如考试压力，期末考试、研究生入学考试、各类证书考试都会给学生带来不小的焦虑感。研究还发现，大学毕业生压力源中就业压力要重于其他压力源。与低年级大学生压力特点有所差别，高年级大学生中就业压力已取代学习压力成为首要压力源。在就业压力报告中，严重压力者占被调查人数的35.94%，而在学习压力和生活压力报告中，严重压力者分别占20.31%和12.5%，研究结果与高年级阶段的大学生任务是相符的，处于该阶段的大学生的主要关注对象已从学习成绩转变为就业问题（赖小林，祝森志，陈艳雅，2006）。克洛琳达（D. Clorinda，2006）的研究表明，大学生所面临的心理压力对其饮酒频率有正向预测作用，压力越大，大学生饮酒频率越高，同时抑郁情绪在其中起到中介作用。乔斯（B. Jose，1995）的研究表明，压力事件与大学生的坚持性存在相关关系，压力感越强烈，大学生的坚持性越差。诺维克（Novak，1984）的研究表明，压力情境会增强大学生的职业倦怠心理，其中人格在这种关系中起调节作用。谢尔顿（Shelton，2010）的研究表明，心理压力能正向预测三种大学生饮食失调障碍的症状。

（三）其他社会因素

除了大学生自身的人格特点以及所遭遇的不同方面压力外，学校、家庭及社会环境等客观因素的影响也不容忽视，它们是影响大学生思想变化、个性发展的外在因素，也是导致大学生产生异常心理的主要原因。宏观的社会环境及社区氛围都会直接或间接地影响大学生的身心发展。社会是否正常运行、社会风气是否良好以及社区能否健康发展都是大学生十分敏感和关心的事情，他们渴望了解社会并希望参与一些社会活动，为将来进入社会作一些有益的准备。大学生自身的生理、心理等主观因素，以及来自学校、家庭和社会的各种客观环境因素交织在一起，极易造成大学生心理发展中的失衡状态。

第三节　大学生心理健康教育的开展

一、大学生心理健康教育的意义、目标与原则

（一）大学生心理健康教育的意义与目标

加强大学生心理健康教育，增强大学生心理素质，提高心理危机预防与干预能力，以最大限度地减少大学生心理问题的发生，已在我国全社会特别是高等教育领域形成共识。大学生心理健康教育已成为高校全面推进素质教育、提高人才培养质量的重要内容，在促进大学生全面发展中具有特殊地位和作用。

第一，心理健康教育是提高大学生综合素质的有效方式。心理素质是个体在心理方面比较稳定的内在特点，包括个体的精神面貌、气质、性格和情绪等心理要素，是其他素质形成和发展的基础。学生求知和成长，实质上是一种持续不断的心理活动和心理发展过程。学生综合素质的提高，在很大程度上要受到心理素质的影响。学生各种素质的形成，要以心理素质为中介，创造意识、自主人格、竞争能力、适应能力的形成和发展要以心理素质为先导。在复杂多变的社会环境中，保持良好的心理适应状况，是抗拒诱惑、承受挫折、实现自我调节的关键。从这个意义上说，大学生综合素质的好坏，主要取决于他们心理素质的高低，取决于学校心理健康教育的成功与否。

第二，心理健康教育是驱使大学生人格发展的基本动力。心理健康程度与受教育者的人格发展密切相关，并直接影响个体人格的发展水平。一方面，学生以在心理健康教育过程中接受的道德规范、行为方式、环境信息、社会期望等来逐渐完善自身的人格结构。另一方面，客观存在的价值观念作为心理生活中对自身的一种衡量、评价和调控，也影响着主体人格的发展，并且在一定条件下还可转化为人格特质，从而使人格发展上升到一个新的高度。同时，心理健康教育不是消极地附属于这种转化，而是在转化过程中能动地引导受教育者调整方向，使个体把握自我，对自身的行为进行认识评价，从而达到心理优化、人格健全的目的。

第三，心理健康教育是发掘大学生潜能的可靠途径。教育的目的之一就是要发掘受教育者的潜能。良好的心理素质和潜能发掘是相互促进、互为前提的，心理健康教育为二者的协调发展创造必要条件。心理健康教育通过激发受教育者的自信心，帮助主体在更高的层次上认识自我，从而实现角色转换，增强对环境的适应能力，最终使潜能得到充分发展。

（二）大学生心理健康教育的主要原则

1. 教育性原则

教育性原则是指在进行心理健康教育的过程中，要根据具体情况，提出积极中肯的分析，始终注意培养大学生积极进取的精神，帮助学生树立正确的人生观、价值观和世界观。

2. 全体性原则

全体性原则是指高校心理健康教育要面向全校所有大学生，全体学生都是心理健康教育的对象和参与者，学校的一切教育设施、计划、组织活动都要着眼于全体学生的发展，考虑到绝大多数学生的共同需要和普遍存在的问题，以提高全体学生的心理健康水平为心理健康教育的基本立足点和最终目标，所有工作的出发点都要有利于促进全体学生的发展和成长。

3. 差异性原则

差异性原则是指高校心理健康教育要关注和重视大学生的个别差异，根据不同大学生的不同需要，开展形式多样、针对性强的心理健康教育活动，以提高大学生的心理健康水平。大学生们具有自己的个性特点，拥有不同的社会背景、家庭环境、生活经验和价值观念。心理健康教育应重视个别差异，根据大学生心理发展特点和身心发展规律，有针对性地实施教育，使每个学生的心理健康水平得以提高，最终实现全体学生心理素质的提高。

4. 主体性原则

主体性原则是指高校心理健康教育要以大学生为主体，所有工作要以大学生为出发点，使学生的主体地位得到充分的体现，把教师的科学教育与辅导同学生的积极主动参与有机地结合起来。大学阶段是青少年自我意识、独立性迅速发展的时期，心理健康教育要贯彻主体性原则，发挥大学生的主体作用，鼓励大学生自我选择和自我指导，促使大学生自知、自觉、自助，不能采取强制手段，也不能替代学生解决他们自身存在的问题。

5. 保密性原则

保密性原则是指在高校心理健康教育过程中，教育者有责任对大学生的个人情况以及谈话内容等予以保密，学生的名誉和隐私权应受到道义上的维护和法律上的保障。保密性原则是学校心理健康教育中极其重要的原则，是鼓励学生畅所欲言和建立相互信任的心理基础，同时也是对大学生人格及隐私权的最大尊重。在心理健康教育过程中，尤其是个别教育与辅导过程中，大学生会向教育者袒露很多个人的秘密、隐私、缺陷，教育者应给予充分尊重和隐私保护。

二、大学生心理健康教育的内容

（一）使大学生更好地认识和调控自我，适应大学生活

塑造健全的自我意识关系到大学生的健康成长，关系到大学生人格的成熟。由于人的发展是没有止境的，培养健全的自我意识也必将是一个循环往复、永无止境的过程。心理健康教育的重要目标之一是帮助大学生正确认识自己，积极接受自己，不断完善自己，发展自我，超越自我，做到自知、自信、自爱、自尊、自律、自控、自主、自强，实现自我价值，走向理想的成功之路；同时帮助大学生养成良好行为习惯，增强大学生调控自我、承受挫折、适应环境的能力。心理健康教育可以根据大学生行为中的问题采取科学有效的心理咨询、辅导或训练等方式，提高学生相应的社会适应能力。

（二）培养大学生的健全人格和良好品质

心理健康教育不应只针对少数有人格缺陷的学生，而应促进全体学生人格的完善。心理健康教育应坚持以人为本，强调尊重、理解、信任学生，使学生感受到自身的存在与价值、优点与缺点、现实与未来，能更有针对性地确定人生目标，选择自己的成才道路，并能找准自己的位置，在学会处理与社会、他人的关系中，使人格得到完善和升华。另外，只有培养大学生健全的意志品质，才能够帮助其抵制各种诱惑，主宰自己的行为，做到对自我进行强有力的调节与控制，以保证理智地约束自己的情感与行为，把握好自我前进的方向，最终实现理想自我。

（三）给予学生科学有效的心理咨询和发展辅导，使学生摆脱心理障碍

在心理健康教育工作中要帮助大学生树立在出现心理问题时的求助意识，促进大学生形成健康的心理素质，通过心理咨询和发展辅导维护学生的心理健康，消除学生的心理障碍、心理冲突等心理问题，减少和避免这些问题对他们心理健

康的各种不利影响。高校心理健康教育应该面向全体大学生，其主要目标是指导大学生积极适应、促进大学生心理健康发展。因此，高校心理健康教育不只是针对少数有心理问题大学生的防范性教育，而应是针对全体大学生的发展性教育。

（四）帮助大学生形成合理的目标与规划

合理的目标是人生发展的原动力，它能强化人的行为，促使其向着预定的方向发展。大学生要在学习上取得良好成绩、在事业上取得重大成就，必须形成合理的目标和规划，这也是大学生心理健康教育工作的目标之一，即帮助大学生确立符合社会准则和需求的发展规划，将自身努力与社会发展保持一致，并不断联系实际设定目标，调整可行计划，把理想和现实结合起来，有效地控制自我，完善自我。

三、大学生心理健康教育的实施途径

对大学生心理健康教育来说，其主要实施途径包括个体与团体心理咨询、课堂教学、校园心理健康宣传教育活动，以及与大学生心理发展相关的校园文化建设、班级寝室心理环境建设、各科教学渗透、社会实践活动等。

（一）心理咨询

心理咨询是指咨询者运用心理学的相关理论与方法，通过特定的人际关系，帮助来访者解决心理困扰，以增进心理健康，提高适应能力，促进个性发展与潜能发挥的帮助活动。心理咨询包括个体心理咨询与团体心理咨询。我国大学生心理咨询实践以个体心理咨询为主要形式。个体心理咨询的一个重要特征是一对一的咨询关系，来访者主要是有一定困扰和心理问题的大学生，相对于整体大学生而言，他们是少数。

大学生心理咨询有障碍性心理咨询和发展性心理咨询两种取向。前者主要是为各种有障碍性心理问题的大学生提供援助、支持、矫正和治疗，更符合心理治疗的范畴；后者旨在根据大学生身心发展特点，帮助其妥善解决心理矛盾，更好地认识自己和社会，开发潜能，促进个性的全面发展和人格完善。根据我国高校的育人特点和主要目的，我们提倡在大学生心理咨询工作中坚持发展性价值取向。许多带有“心理问题”前来求询的大学生并非所谓的异常学生，而是寻求发展性问题帮助、渴望自身成长与发展的正常大学生。坚持大学生心理咨询的发展性价值取向，并非鼓励全体大学生都去咨询，也并非意味着所有大学生都需要咨询，而是意在坚持一种发展性的咨询理念。通过这种咨询理念的坚持和倡导，一是要激发和培养大学生的求询意识，避免许多寻求自我发展的大学生因心理咨询的“障碍性”关注而对高校心理咨询机构望而却步；二是倡导咨询老师对求询学生及其问题要以帮助发展为旨趣，而非仅以消除症状、矫正治疗为取向，从而避免咨询中一些错误倾向。

（二）心理健康教育课程

就我国大学生心理健康教育实施现状来看，通过课程形式对大学生进行心理健康教育是学校心理健康教育的主要渠道。课程教育既可以避免心理咨询帮助对象的局限，又可以缓解我国现有学校心理辅导人员的不足，还可以弥补心理讲座的不系统，更能从预防和发展的角度对多数大学生进行心理健康教育，提高其心理素质。

心理健康教育课程不是特指某一种课，而是为实现心理健康教育的目标而组织的各种教育活动及各种教育性经验的一类课程的总称，包括心理健康教育学科课程、心理健康教育活动课程、心理健康教育隐性课程。一般面向的是全体大学生，根据学生身心发展特点，以培养学生良好心理素质、促进学生身心全面发展为目的，以心理知识传授、心理品质培养为内容（卢爱新，2007）。

（三）心理健康宣传教育活动

作为心理健康教育的重要组成部分，心理健康宣传教育活动是通过心理讲座、心理沙龙、心理剧场、心理知识竞赛等多种方式得以实施，旨在使全体大学生受益。还可以开展多元化的文体活动，营造积极健康的校园文化，通过健康、积极向上的校园环境潜移默化地影响学生的心理素质。

（四）学科渗透

各学科要在课堂教学中做好心理健康教育渗透工作。对学生进行心理健康教育，是课堂教学中不可忽视的一个重要方面。任课教师要积极参与心理健康教育工作，开展心理健康教育进课堂活动，挖掘学科教学中潜在的心理健康教育资源，适时地渗透到学科教学中去。如激发学生对所学学科的兴趣，端正学习态度；进行学法指导，养成良好学习习惯；减少对学生的不良刺激，多鼓励、多表扬、多信任，使学生心情愉快、轻松地学习；在课堂活动中，有意识地培养学生的胆量，给自卑、抑郁的学生提供成功表现的机会，帮助他们树立信心。这些都为提高学习兴趣、减轻学习压力创造了良好条件。

（五）班级寝室心理环境建设

对大学生而言，所处的班级或寝室环境不但提供了学习生活的物质空间，也潜藏着一定的心理动力功能。如果一个班级或寝室的文化环境呈现出积极向上、健康适宜、团结友爱、宽松温馨的氛围，成员就会感到身心放松、和谐奋进，并进一步促进成员间相互理解、相互关爱的人际氛围的良性循环，有利于成员积极心理情感及外在行为的产生和强化。校园环境建设主要包括物质环境、文化环境、人际关系环境、个体知觉环境等方面的建设。

【建议参考资料】

1. 郑日昌，陈永胜. 学校心理咨询［M］. 北京：人民教育出版社，2010.

2. 姚本先. 我国学校心理健康教育：现状，问题，展望［J］. 课程教材教法，2003(2).

【问题与思考】

1. 心理健康的评价标准是什么？
2. 大学生的身心发展体现出哪些特点？
3. 大学生心理健康教育的内容包括哪些方面？
4. 结合某高校的实际情况，制订在该校开展班级寝室心理环境建设的计划。

第二章　大学生心理健康教育的组织与管理

【本章提要】

本章主要介绍大学生心理健康教育工作的组织机制、场地建设、档案管理与工作绩效评估。具体包括大学生心理健康教育的指导思想、管理模式、心理辅导室的规划、心理档案的内容与管理，以及大学生心理健康教育工作绩效评估的原则与方法。

【学习重点】

1. 大学生心理健康教育的组织机制
2. 心理辅导室的建设
3. 心理档案的管理
4. 心理健康教育绩效评估

【重要术语】

心理健康教育组织机制　心理辅导室　心理档案　心理健康教育绩效评估

第一节　大学生心理健康教育的组织机制

一、大学生心理健康教育的指导思想

（一）大学生心理健康教育的基本原则

根据《中共中央国务院关于进一步加强和改进大学生思想政治教育的意见》和《教育部卫生部共青团中央关于进一步加强和改进大学生心理健康教育的意见》等文件精神，加强和改进大学生心理健康教育的基本原则是：1. 坚持心理健康教育与思想教育相结合。既要帮助大学生优化心理素质，又要帮助大学生培养积极进取的人生态度。2. 坚持普及教育与个别咨询相结合。既要开展面向全体大学生的心理健康教育，更要根据不同情况，开展心理辅导和咨询工作。3. 坚持课堂教育与课外活动相结合。既要通过课堂教学传授心理健康知识，又要组织大学生参加陶冶情操、磨炼意志的课外文体活动，不断提高大学生心理健康水平。4. 坚持教育与自我教育相结合。既要充分发挥教师的教育引导作用，又要

充分调动学生的积极性和主动性，增强大学生心理调适能力。5．坚持解决心理问题与解决实际问题相结合。既要加强大学生心理健康教育，又要为大学生办实事、办好事。

（二）大学生心理健康教育的主要任务

根据《教育部卫生部共青团中央关于进一步加强和改进大学生心理健康教育的意见》等文件精神，加强和改进大学生心理健康教育、做好心理咨询工作的主要任务是：1．宣传普及心理健康知识，帮助大学生认识健康心理对成长成才的重要意义。2．介绍增进心理健康的方法和途径，帮助大学生培养良好的心理品质和自尊、自爱、自律、自强的优良品格，有效开发心理潜能，培养创新精神。3．解析心理现象，帮助大学生了解常见心理问题产生的主要原因及其表现，以科学的态度对待心理问题。4．传授心理调适方法，帮助大学生消除心理困惑，增强克服困难、承受挫折的能力，珍爱生命，关心集体，悦纳自己，善待他人。

二、大学生心理健康教育的管理模式

（一）主要原则

根据教育部颁发的《普通高等学校学生心理健康教育工作基本建设标准（试行）》，大学生心理健康教育工作的管理一般可遵循以下原则。

在工作体制上，注重教育、管理、服务等环节对学生心理健康的影响，努力把培养学生健康的心理素质渗透到教书育人、管理育人、服务育人的过程之中。要以教务处、学生处的学生心理健康教育中心为主导，成立心理健康教育教研室，开设学生心理健康必修课、必选课，对学生进行系统、全面、专业的心理健康教育。另外，建立健全院、系、班三级学生心理健康教育的工作体制，逐步实现工作的全面化、体系化。

在实施途径上，以学生为主体，积极开展形式多样、内容丰富、具有特色的心理健康教育宣传活动，引导学生在活动中实现心理健康的自我教育。要以学生心理健康教育中心、系学生心理辅导教师为主体，提供能力范围之内的分层心理辅导服务，并提供转介服务。建设并利用专业的心理网络、校园广播、心理期刊等多种媒体进行学生心理健康教育宣传，普及心理健康知识。

另外，要开展定期的心理健康普查，进行必要的跟踪测查和心理辅导，并在此基础上建立学生心理健康档案，全面、准确地了解和掌握学生心理健康状况，以利于开展针对性的工作，为学生的健康成长和学校的教育管理提供服务。要特别关注有心理困扰和心理障碍的学生，以学生所在系为主体对其进行科学的心理辅导，帮助他们克服障碍，走出困境，逐步提高其自我发展的能力。

在师资队伍上，参照教育部党组《关于进一步加强高等学校学生思想政治工作队伍建设的若干意见》精神，可通过专、兼、聘等多种方式，建设一支以少量精干专职教师为骨干，专兼结合、专业互补、相对稳定的高等学校大学生心理健康教育工作队伍。高等学校专职从事心理健康教育的教师原则上应纳入学生思想政治工作队伍管理序列。承担其他专业课教学、科研等工作的兼职教师职务评聘，应根据岗位需要和本人承担的工作任务及具备的任职条件，聘任相应的教师或研究员等专业技术职务。另外，要积极开展对从事大学生心理健康教育工作专、兼职教师的培训，将培训工作列入学校师资培训计划。通过培训不断提高他们从事心理健康教育工作所必备的理论水平、专业知识和技能。还要重视对班主任、辅导员以及其他从事学生思想政治工作的干部、教师进行心理健康方面的业务培训。要逐步建立从事大学生心理健康教育工作专、兼职教师的资格认定体系。

（二）组织机构及职责

大学心理健康教育的主要组织机构一般有学校学生心理健康教育领导小组、学校心理健康教育中心、系学生会学生心理健康教育部、学生心理社团等。

学校学生心理健康教育领导小组是领导全校开展学生心理健康教育的最高机构，负责制定基本工作方针，从宏观上全面指导各个部门协同开展工作。

学校心理健康教育中心是学校开展学生心理健康教育工作的主要机构，一般受学生处领导，负责学生心理健康教育、宣传、普查、辅导等日常事务；与教务处协同，研讨改进教学过程中的学生心理素质教育，组织和承担一定的学生心理健康教学工作；指导各院系开展工作，培训培养心理健康各级工作人员；进行心理课题研究；指导学生心理社团开展活动；参与学生心理危机事件处理。其工作人员由专职和兼职教师共同组成。

学校各院系是学生心理健康教育的基础机构，应主动、积极、全面地开展学生心理健康教育工作，建立健全工作体制。要设学生心理健康辅导教师岗位，具体负责组织、指导班级心理委员和系学生心理朋辈开展关爱心理异常学生的工作。班主任是学生心理健康教育的基础力量，应全面负责班级学生心理健康教育工作。积极在班级内部开展心理健康知识的普及和宣传，及时掌握学生的心理状态，关注心理失衡学生，帮助有心理障碍的学生，对有心理疾患的学生须及时按照相关程序协助其办理休学或退学，督促其及时进行专业诊断和治疗，全程参与处理学生心理危机事件。

班级心理委员是学生心理健康教育的基层队伍，发挥自我心理健康教育、影响朋辈心理健康的重要作用，主要职能是开展活动，收集信息，协助班主任和系学生心理健康辅导教师的工作。系学生会学生心理健康教育部和学生心理社团是学生进行心理健康自我教育的重要组织，是学生组织参加心理健康活动的主要平台。

第二节　大学生心理健康教育的场地建设

一、心理健康教育与咨询场地的建设与规划

（一）建设原则

心理健康教育和咨询场地的建设应符合大学生心理健康教育工作的特点和要求，能够满足学生接受教育和咨询的需求。心理健康教育和咨询场地包括预约等候室、个体咨询室、团体辅导室、心理测评室等。心理健康教育和机构需配备必要的办公设备、常用心理测量工具、统计分析软件和心理健康类书籍等心理健康教育产品。

学校心理健康教育工作要取得良好的效果，既需要有专业化的硬件设施，也需要有健全的管理制度。总的说来，心理辅导室的建设应遵循以下原则：

1．科学性。心理辅导室不是简单的办公室、会议室，其建设除具备办公、会议等功能之外，还应有心理辅导的氛围。例如，应当有心理辅导的专门区域，要配备专门的心理辅导工具。

2．人性化。以学生为本，以教师为执行者。心理辅导室的建设应从学生的角度充分考虑，关注他们的所思、所想、所喜、所爱。学生是心理辅导室的主体，教师应充分启发和调动学生的积极性，激发学生的参与热情。

3．通用性。心理辅导室应面向全体学生，通过普遍开展团体辅导活动，使学生对心理健康有积极认识，使心理素质逐步得到提高。其建筑风格应通透流畅，适合开展团体活动。

4．针对性。心理辅导室的建设应遵循学生的成长发展规律，符合学生的年龄特点。同时，关注学生的个体差异，针对不同特点的学生，开展不同形式的心理辅导。

5．独特性。心理辅导室的建设除具备基本的心理辅导功能外，每个学校都应当考虑心理辅导室建设的差异化和个性化，强调独特性。

（二）心理辅导室的规划

1．位置

心理辅导室地点的选择应本着安静和方便的原则，尽量避开教学区、学生活动区等热闹场所。心理辅导室地点的选择也要避免另一个极端，即不能选择太偏僻的地方。如果某一条道路的唯一目的地就是心理辅导室，也会增加来访者的心理负担，因为来访者一般不愿意让同学和老师知道自己在寻求心理辅导。

2．面积和布局

心理辅导室的布局对整个心理辅导的气氛是有影响的。布局整齐、协调有助于提高辅导效果。

一般来说，大学生心理辅导室必须具备办公接待区（兼档案区）、团体活动

区、个别辅导区三个区域。有条件的学校还可以设置心理测评区、阅览区、社团生涯区、潜能开发区、中控督导区、艺术放松区、情绪疏导区等区域。

（1）办公接待区（兼档案区）

办公接待区的设计有三个功能：第一，心理教师的办公场所；第二，接待来访者；第三，可以作为心理教师整理学生心理档案、保存心理档案的场所。为了便于管理和查找，心理档案提倡电子化，不提倡使用纸质档案。

如果单独建室，办公接待室的面积一般应不小于 20 平方米，可供 1—6 名心理教师办公。

根据心理辅导室的面积大小，可考虑将阅览区合并到办公接待区。

（2）团体活动区

团体辅导活动是大学生心理健康教育的一个重要途径。团体游戏区以游戏、心理拓展为主要方式，利用沙盘、布偶、棋类、电子游戏、室内拓展器材等设备，来开展班级心理活动和小型团体辅导。团体辅导可以针对一个班级一个主题进行，也可以针对具有相同问题的团体进行。团体是一个神奇的圆圈，一群人围坐在一起，经过一段时间密集的活动，每个人都会产生一些改变，这是团体的独特魅力。在团体中，学生被接纳被包容，有机会充分表现自己，练习人际行为，探讨认知的合理性，宣泄和整理情绪。在领导者的催化及成员的互动反馈下，学生的知、情、意得以伸展整合，成长的障碍获得排除，复原的力量得以充分展现。

如果单独建室，团体活动室的面积一般不小于 40 平方米。根据心理辅导室的面积大小，可考虑将社团生涯区、潜能开发区、艺术放松区、情绪疏导区合并到团体游戏区。

（3）个别辅导区

个别辅导区是心理辅导室的一个重要区域。心理教师主要通过谈话、角色扮演、绘画、游戏等方式，采用认知、行为方面的心理咨询与辅导技巧，解决个别学生出现的心理困惑或问题。针对大学生心理特点，多采用艺术放松疗法、理性情绪疗法、认知疗法等。个别辅导区对私密性要求相对较高。

如果单独建室，个别辅导室的面积一般为 10—15 平方米，面积太小，会给来访者带来压抑的感觉；面积太大，会给来访者带来无法控制、不安全的感觉。

根据心理辅导室的面积大小，可考虑将中控督导区合并到个别辅导区。

（4）心理测评区

心理测评区主要是为大学生提供心理测评服务，例如普查学生的心理健康状况，建立学生心理档案等。

如果单独建室，心理测评区的面积一般不应小于 20 平方米，至少可供 10 人左右同时测评。

（5）阅览区

为学生提供阅览场所和相应心理健康知识普及书籍，可以培养学生良好的学习和阅读习惯，通过图书的暗示和教育作用，提高学生的心理健康水平。心理辅导室的阅览区要与图书馆有所区分。这种区别不仅仅表现在图书种类偏向于心理健康教育主题，而且环境设计上要以轻松为主题，营造一种乐学的氛围。

如果单独建室，阅览室的面积一般不应小于 20 平方米，可供 10 人左右同时测评和阅览。

（6）社团生涯区

社团生涯区有两个功能：第一，为心理社团提供活动场所；第二，对大学生进行生涯规划的教育与辅导。社团生涯区应以学生自主管理为主，是进行同伴教育的场所。应当设置专门的信息区域张贴学生的感想和作品。

如果单独建室，社团生涯室的面积一般不应小于 20 平方米，可供 20 人以上同时活动。

（7）潜能开发区

在此区域可以进行多元智能的测评和培养，利用思维导图进行记忆、快速阅读等方面的训练。这些训练将有助于提高学生的学习成绩。学习成绩提高了，学生的自信心增强了，某些心理困扰也就迎刃而解了。

如果单独建室，潜能开发室的面积一般不应小于 40 平方米，可供一个班级的学生开展活动。

（8）中控督导区

心理教师的专业知识要实时提高，就需要专家进行督导。同时，心理教师自身的心理也需要及时调整，这也需要专家的帮助。督导区的建立，可以起到这些作用。

同时，心理辅导室的数字化是非常重要的。对团体辅导、个别辅导需要进行适当的录音和录像，以便于后续的分析和督导工作。中控区就起到了这样的作用。当然，录音和录像是经过来访者同意的。

如果单独建室，中控督导室的面积一般不应小于 30 平方米，进行中控和督导的同时，可召开小型研讨会议。

（9）艺术放松区

艺术放松区可以通过让来访者聆听舒缓和轻松的音乐、观看心理学影片、排演心理剧等方式来缓解学生和教师的焦虑和紧张情绪，通过生理上的放松和心理上的放松，提高复原力，也利于咨询关系的建立。同时，可以在此区域内进行艺术心理辅导。

艺术心理辅导包括音乐、绘画、舞蹈、戏剧、书法等多种形式，因其呈现方式轻松愉快，学生乐于接受。

如果单独建室，艺术放松室的面积一般不应小于 40 平方米，可供一个班级的学生开展活动。

（10）情绪疏导区

情绪疏导区的作用就是将消极情绪及时排解，这样不但使学生当时的情绪得到控制，并且可以避免暴力侵犯的出现。宣泄一定要与心理辅导相结合，寻找一个理性的、科学的、健康的情绪出口。了解情绪、压力背后的成因才是解决心理问题的根本。

如果单独建室，情绪疏导室的面积一般不应小于20平方米，可以让学生有充分的空间疏导和放松，如果过分局促狭窄，反而达不到预期的效果。

3．环境

心理辅导室环境的布置不仅仅要考虑到心理辅导人员的工作状态，更需要考虑来访者的情绪和认知。来访者对心理辅导环境的感觉将在很大程度上影响辅导的效果，以及来访者是否愿意再次来访。

心理辅导室的环境要素包括外环境和内环境。

（1）外环境

心理辅导室的周围环境应当比较整洁、幽雅和清静，不宜设在肮脏、喧闹的地方。

心理辅导室的外部环境要富有生机和亲切感，应适当放置一些花草植物、观赏鱼类等。室外应张贴一些轻松热情的欢迎标语和图示图标。

（2）内环境

心理辅导室的内部环境要温馨、健康、舒适，让来访者有足够的安全感，愿意再来。个别辅导等区域要有私密性。应当运用色彩心理学、光环境、心理声学等理论和技术进行设计、装修和装饰。

色彩心理是客观世界的主观反映。不同波长的光作用于人视觉器官而产生色感时，必然导致人产生某种带有情感的心理活动。事实上，色彩生理和色彩心理过程是同时交叉进行的。在有一定的生理变化时，就会产生一定的心理活动；在有一定的心理活动时，也会产生一定的生理变化。比如，红色能使人生理上脉搏加快，血压升高，心理上具有温暖的感觉。因此色彩的美感与生理上的满足和心理上的愉快感有关。色彩心理与年龄、性格、民族也具有重要的联系。如果能掌握色彩给人带来的影响，就可以减少因色彩使用不当给人带来的困惑，从而更好地使用颜色。再进一步讲，还可以通过色彩的魔力来影响他人。根据色彩心理学理论，我们应根据学校特点和学生特点为心理辅导室配置不同的色彩，以求达到最好的效果。同时根据个体对色彩的感受，可以了解学生的情绪和性格特征，为心理教师进一步辅导学生提供帮助。

光环境也叫视觉环境，指的是我们日常活动视线范围内的光所构成的环境，包括光的强度、颜色、照射方向、反射、物体形状、光的变化等综合因素。我们主要生活在一个人工视觉环境中，不论是学习、办公，还是住家、娱乐。由于之前大多没有注意视觉环保，所以很多环境达不到视觉环保标准，身体特别是眼睛容易疲劳。这也是近年来近视、青光眼、白内障等眼病发病率急剧攀升，以及颈椎病、心情烦躁、身心疲乏等身心疾病激增的直接原因。如果我们注重视觉环境，使其达到一定的视觉环保标准，我们的视觉和身心的健康就会有保证。人生活在动态的环境中，总在接受环境的刺激，并因此引发一系列身心反应。这些外部信息，90%以上通过眼睛来接收，所以在环境心理学中，光和色彩构成的光环境对人的行为和情绪情感会产生很大影响，不好的光环境不仅会带来视觉疲劳、大脑及身体疲劳，同时会引发烦躁、压抑等心理反应，从而加重躯体化反应。我们可以通过营造好的光环境使来访者在心理状态不佳时更快安静下来，而不当的光环境不仅不减压，反而会增加压力。所以，心理辅导室的光线运用要符合使学生生理上和心理上舒适、健康、卫生的要求。心理辅导室在设计之初就应当考虑光环境要素。合格的光环境对于学生生理和心理有很好的调节作用。

心理声学是指“人脑解释声音的方式”。声音听觉心理的主观感受主要有响度、音高、音色等特征。在心理声学方面，心理辅导室建设对声场的均匀度和声音的响度、清晰度、丰满度、亲切感、温暖感等方面都有一定的要求。声音与心理的关系既微妙又复杂。一般来说，声音可以包括音乐和噪声等。音乐是心理的外化。音乐通常表达一种意境，传递一种感情。它能在人的生理上、心理上引起一系列变化。例如，适当地播放音乐，不断变化节奏、节拍、旋律、调式等，能增强愉快感。而噪声则会使人烦恼，对人的健康有害。现代人抵抗都市生活的噪声要耗去很大的精力。如何消除噪声对心理的影响，也已成为一门学问。

综上所述，心理辅导室建设要充分考虑色彩心理学、光环境、心理声学等理论和技术。色彩要柔和，以淡黄、淡橙、米色、粉红等暖色调为主，也可适当使用淡绿和淡蓝色；光线要适中，自然光和灯光的强度、颜色、照射方向要合理；声音要和谐，声场的均匀度、响度、清晰度、丰满度要合适，室内外的隔音要好，某些房间要适当使用隔音板和双层玻璃。

二、心理辅导室的设备

心理辅导室的设备包括心理学软件和硬件设备、通用设备、办公家具等。对于不同的区域，需要使用不同的设备。

（一）心理学软件和硬件设备

一般来说，心理辅导室常用的软、硬件设备包括：心理学图书、杂志；心理学视听资料（心理电影、放松音乐、团体活动素材等）；大学生心理健康普查所需的测评软件或量表；针对心理咨询室标准配置的沙盘、团体心理辅导箱、艺术心理辅导箱、放松椅、游戏心理辅导箱、宣泄人等。

（二）通用设备

通用设备包括电脑、传真机、复印机、打印机、扫描仪、投影仪、电子白板、电视机、影碟机、组合音响、摄像机、照相机、视频音频监控设备、空调、录音笔、电话机、秒表、饮水机、石英钟、隔音设备等。

（三）办公家具

办公家具包括办公桌、办公椅、电脑桌、电脑椅、操作台、柜子、期刊架、书架、置物架、收纳箱、沙发、茶几、坐垫、抱枕、办公用品、木地板、软包装修等。

三、心理辅导室的制度

心理辅导室应有专业制度，包括心理辅导章程、心理教师工作守则、心理辅导室值班制度、心理档案管理规定等。

心理辅导章程包括心理辅导宗旨、原则、内容、途径等方面，是心理辅导室的纲领性文件。

心理教师工作守则应对职业伦理作出规定，主要包括平等性原则、告知性原则、保密性原则、中立性原则、责任性原则。心理教师要善于把握“教学”和“咨询”的不同角色，使二者有机统一，不可偏废。

心理辅导室应当有明确的值班制度，并公之于众。心理档案的管理工作是十分重要的，因为心理档案有一定的保密性，不能随意借阅。心理档案要有明确的管理规定，心理健康教研室的所有工作人员必须严格遵守。

第三节 大学生心理健康教育的档案管理

一、心理健康教育档案的含义

建立大学生心理健康教育档案，已成为开展高校心理健康教育的重要内容之一，心理健康教育档案面向全体大学生，其工作模式以主动预防为主，为高校心理健康教育工作的开展形成有力的支撑。

心理健康教育档案有广义和狭义之分。狭义的学校心理健康教育档案是指个体心理发展变化特点、心理测验结果、学校心理咨询与辅导等材料的集中保存，这些材料按照一定的程序排序，组成一个有内在联系的体系，如实反映学生的心理面貌。它是学校为了更好地开展心理健康教育工作，为每个学生在心理健康方面建立起来的档案材料。而广义的学校心理健康教育档案还包括学校心理健康教育活动的有关资料，如学校心理健康教育的计划、课程开设、活动安排、教研活动、研究课题及成果、效果评估及管理工作等的记录。

二、心理健康教育档案的内容

心理健康教育档案的内容指能从中揭示或了解到大学生心理状况、心理特点等的材料。学校心理健康教育档案的内容应尽可能全面地反映大学生的心理特点，从而为学校教育提供准确可靠的信息。学校心理健康教育档案的内容一般包括两个方面：一是影响学生心理发展的基本资料，即学生基本情况，主要包括个人基本情况、家庭生活情况、学校学习生活情况及对个人生活有影响的重大社会生活事件等；二是反映学生心理状况和心理特点的资料，主要包括智力水平、个性特征、心理健康状况、学习心理特征、职业能力倾向类型等。具体内容解读如下。

（一）学生基本情况

学生基本情况主要是提供一些背景资料，以帮助教师深入分析学生心理，正确诊断学生心理问题产生的原因。主要包括如下几个方面。

1. 个人简介。主要包括姓名、性别、出生年月、籍贯、民族、政治面貌、就读学校、年级、家庭住址、爱好特长等。

2. 身体状况。主要包括一般健康状况、身体发育状况、有无生理缺陷、个人病史等。

3. 家庭生活环境。主要包括家庭成员的工作性质及职务与文化程度、家庭的组织结构 、家庭的居住环境、家庭的经济状况、家庭气氛、家长的教育方式与态度、亲子关系、是否独生子女、家中排行等。

4. 学校学习生活情况。主要包括学生的学习成绩、学习态度、学习习惯、思想品德、行为习惯、体育运动、交际水平（含师生关系、同伴关系）、担任班干部情况、获奖情况等。

5. 对学生个人生活有影响的重大社会生活事件。如家庭成员的死亡、父母离异、生活条件改变、影响生活的重大挫折等。

（二）心理测评资料

1. 人格特征分析及培养建议

主要是指学生的性格类型及特征、气质类型及特征，包括个性心理有哪些特征，个性心理中有哪些良好或不良的品质，怎样进行教育，学生的兴趣、态度、人际关系及品德的特点等。

2. 心理健康状况及辅导策略

主要是指学生的心理健康水平鉴定，包括有无心理问题或心理障碍，程度如何，怎样进行教育或矫治。

3. 学习心理分析及教育对策

主要是指学生的学习态度、学习方法、学习动机、学习意志力、考试心理、学习困难的诊断，包括学习认知因素分析、学习动力状况分析、学习社会因素分析，以及怎样优化学生的学习心理等。

4. 生涯发展倾向类型分析及指导

主要是指学生生涯发展兴趣、能力、性格、价值观等的评估，分析其具有从事哪一类别工作的潜质，从而为学生升学与就业指导提供依据。

（三）心理健康教育活动记录及相关作品

心理健康教育活动记录是指学生进行个体心理辅导和团体心理辅导的记录。个体心理辅导记录包括问题表现、原因分析、诊断时间与次数、方法与过程、辅导效果、追记等；团体心理辅导记录包括团体人数、辅导主题、辅导时间、辅导方法和过程、辅导效果等。

以上是高校心理健康教育档案的一般内容，在建立心理健康教育档案过程中，可以根据实际情况进行选择。

三、心理健康教育档案的管理

对档案的妥善保存和有效利用，有赖于对学生资料的科学管理。学校心理健康教育档案的形式主要有文本式和计算机软件式两种。

相对来讲，文本式心理健康教育档案建档工作过程繁杂，在管理与使用上仍然存在诸多不便，大量文本资料占用储存空间且不易保存，查阅资料、重新统计评估结果极为费力。因此，现在更多学校使用计算机系统建立与管理学校心理健康教育档案。与传统文本式心理健康教育档案相比，计算机软件式具有以下优点：减少差错、便于查询、减少物理储存空间、防止资料丢失及损毁、提升规范性、提高工作效率。

心理健康教育档案应由经过专业培训的心理教师专门管理。其管理要严格遵守保密性原则，学校管理者、其他教师、家长不可随意调阅心理健康教育档案。但是，当危及自己或他人生命的征兆出现时，心理教师应当及时与学校有关领导、家长进行沟通，共同解决心理危机。

第四节　大学生心理健康教育工作的评估管理

一、心理健康教育工作绩效评估的原则

心理健康教育绩效是对心理教育行为的衡量以及在这一行为上产出结果的记录。高校心理教育绩效评估是指对有关的高校心理教育绩效信息进行观察、收集、组织、储存、提取、整合和实际评价的过程。

一般来说，高校大学生心理健康教育工作的绩效评估指标包括四个方面：大学生心理健康教育的管理与保障机制；大学生心理健康教育工作的实施；大学生心理健康教育师资队伍的建设；大学生心理健康教育的效果。

高校大学生心理健康教育工作评估的主要原则体现在以下五方面。

1. 导向性。评估指标应明确工作的对错是非。该做什么、不该做什么、做到什么程度、孰轻孰重，这些都是对心理健康教育工作者的一种工作导向。这种导向作用不仅由规定具体工作方向的指标来确定，更主要的是由整个指标体系的

总体构成来决定。

2．诊断性。这是评估最直接的作用，评估的其他功能都是在此基础之上发挥作用的。

3．形成性。这是评估最终目的所在。形成性作用可以从两个维度产生：一是方向，即对错问题；二是程度问题，这在较长的时间跨度上看是动态的，准确地把握这个度，是评估的难点之一。要解决度的问题，一个重要前提是建立评估的参照体系。

4．规范控制。形成性作用是借助规范控制作用实现的，两者间的杠杆是鉴别激励作用。规范控制作用得以实现的一个不可或缺的环节是评估信息的及时正确反馈。

5．反馈。即评估系统必须提供一个连续回路，使评估自如地通过反馈、总结、调整、改进来达到评估的目的。没有反馈的绩效评估容易流于形式，达不到评估的目的。而且，实行绩效评估的反馈原则，更有利于完善评估过程，提高学校心理教育的实效。

二、心理健康教育工作绩效评估的过程

高校心理健康教育工作的绩效评估包括评估指标体系的设计、评估方式与方法的选择和应用、评估活动的执行以及评估结果的分析与反馈几个步骤。

（一）评估指标体系的设计

设计评估指标是高校心理健康教育绩效评估的第一步，也是进行绩效评估的前提。在确定心理健康教育绩效评估指标时，必须遵循可操作性原则。例如，我们通常谈到，心理教育的终极目标是学生心理的健康成长，包括潜能的充分开发和人格的健全完善，但将这作为评价心理教育绩效的标准就显得过于抽象而难以操作，为此有必要制定具体且可操作的评估标准。设计评估指标时不仅要从外在的形式和条件上来判断其优劣，更要考虑心理教育的内在特征，即从外在和内在两个方面来确定评估指标。各种心理教育活动的开展能否满足学生的需要？学生的心理困扰是否有所减少，其程度有无下降？通过心理教育能否有效地预防学生心理问题的产生？事实上这些才是开展心理教育更为实质的目的。只有外在体系和内在体系二者兼顾，心理教育绩效评估指标体系才能日臻完善。

心理健康教育的开展和评估一般可从四个方面入手：大学生心理健康教育的管理与保障机制（包括管理制度、场地建设、物质经费保障、信息掌控机制、危机干预体系等方面的指标）；大学生心理健康教育工作的开展（包括工作范围与内容、实施情况、教学或研究成果等方面的指标）；大学生心理健康教育师资队伍的建设（包括专、兼职教师队伍的数量、资质、专业背景等方面）；大学生心理健康教育的效果（包括心理健康教育普及认可程度、心理健康状态与心理素质

水平、校园心理环境等）。

（二）评估方式与方法的选择和应用

心理健康教育的评估方式一般包括学校内部自我评估、校际间相互评估、由教育领导部门主办的评估等。

学校内部自我评估可以是由学校负责心理教育的人员进行的自评，由学校领导进行的评估，或由本校学生进行的评估。其优点是：评估计划的制订有助于心理教育工作者对自己所从事的工作有深入的了解；评估的过程有助于增进全校教职工对心理教育工作的认识；自我评估的结果能够促进心理教育工作者的自我改进；借助评估的机会，教师可整理各种材料使其更有效地发挥作用。但是这种评估方式也有一定的缺点，主要在于各学校自我评估的标准不同，较难进行比较与对照，难以看出自己学校心理教育工作开展的优劣之处；其次由于评估人员不是这方面的专家，对某些问题的评估可能较主观。

校际间相互评估是由几个学校联合起来，相互参观、相互评估。其优点在于：评估的结果关系到学校的荣誉，因此，日常的工作容易得到学校各方面的支持；借着相互评估的机会，可以充分学习其他学校的长处；通过相互评估，可缩小校与校之间的工作差距，加强校际联系。但这种方法与自我评估相类似，由于评估人员训练有限，评估标准的制定常常可能不够公正客观；并且碍于校与校之间的关系，有时无法作出客观的评价。

由教育领导部门主办的评估一般是聘请有关专家学者对各学校的心理教育工作进行评估，其优点是评估结果较为客观标准，评估所提出的建议具有较高的价值，容易被学校所接受，从而减少心理教育工作推行的阻力。同时由于评估结果会对外公布，因此可以引起各级学校的高度重视，并积极开展工作。但由于专家小组评估时间太短，常无法进行更深入的调查，评价有时会流于表面。

评估可采用的方法有测验评价和非测验评价两大类。测验评价主要是借助各种标准化的心理测验作为测量工具，准确地评价学生的各种心理特征，从而在一定程度上完成对心理教育绩效的评估。学校所使用的测验主要有智力测验、成就测验、性向测验、兴趣测验、人格测验等五大类。非测验评价测量个人的内隐性行为，如动机、情绪及个人处理这些内在行为的方式等。这种测量方法与测验评价相结合，两者互为补充，即从内隐和外显两方面更有效地评估心理教育绩效。观察法、轶事记录、评定量表、学生资料调查表、会谈、个案研究等都属于非测量方法。

（三）评估活动的执行

在评估的具体执行环节中，首先，学校动员，明确评估的目的和意义；其次，评估委员会公布评估指标体系及评估方法和评估程序；再次，评估前准备，包括依据评估指标体系编制评估表，通过听取汇报、实地观察、会谈、问卷调查、测验、查阅有关资料等方法收集资料；最后，进行评估并对评估结果进行整理。在评估工作中要特别注意避免以下几种常见的评估误差：

1. 严格误差——在评估时吹毛求疵、多方挑剔、给分过严。

2. 宽容误差——对任何一个受评估对象都选用较优的评语。给分过宽，不愿给人作出不好的评定，使分数集中在较高的一端。

3. 趋中误差——把被评估者放在量表的中间，尽量避免作出极端的评定。

4. 逻辑误差——有些评估者把自己认为相互联系的特质都作同样的评定。

5. 光环效应——对某一方面的强烈看法影响了对其他方面的评估。

（四）评估结果的分析与反馈

1. 评估结果的分析。对绩效评估的结果进行定量分析和定性分析，可以比较全面准确地反映学校心理教育的工作绩效。在进行定量分析时可主要采用模糊评价法和关系矩阵法，通过确定指标体系和权重体系、单项评价和综合评价等过程使评价更加合理和科学。具体方法在此不加赘述。

2. 评估结果的反馈。通过对评估结果的分析，绩效评估小组可以将最后确定的评估结果告知参与心理健康教育工作的所有成员。主要是让他们了解心理教育工作的状况以及学生心理健康的发展情况，并和他们一起讨论今后的发展计划，确定实现下一个评估目标的期限，指出他们在绩效评估中反映出的问题和不足，帮助他们加以改正和克服，同时对他们在工作中的突出表现予以表扬，以激励他们的进取心。学校心理教育绩效评估委员会将把学生的评估结果归入其本人的心理档案，作为今后对他们进行更有效的心理教育的依据，从而有助于达到绩效评估的最终目的。

综上所述，学校心理健康教育绩效评估是一项系统且复杂的工作，建立绩效评估体系能够使学校有步骤、有目的地从事心理健康教育工作，有助于心理教育绩效评估工作的顺利进行，同时也会更有效地促进学生的心理健康。由此可见，学校心理健康教育的绩效评估是教育评价中不可缺少的部分，相信它会引起人们日益广泛的重视。

【建议参考资料】

1. 郑日昌，陈永胜. 学校心理咨询［M］. 北京：人民教育出版社，2010.
2.《普通高等学校大学生心理健康教育工作实施纲要（试行）》，2002.
3.《教育部关于加强普通高等学校大学生心理健康教育工作的意见》，2001.
4.《普通高等学校学生心理健康教育工作基本建设标准（试行）》，2011.

【问题与思考】

1. 心理辅导室应制订哪些相关制度？
2. 大学生心理健康教育档案的主要内容是什么？
3. 可从哪些方面来评估大学生心理健康教育工作的绩效？
4. 请结合所在学校具体特点，设计一份心理健康教育工作的绩效评估方案。

第三章　大学生人格及其发展辅导

【本章提要】

本章主要介绍人格的定义及其结构、大学生常见的人格障碍问题，以及大学生健全人格的塑造等内容。

【学习重点】

1. 人格的定义及特性
2. 人格的结构
3. 大学生常见人格障碍的特点
4. 大学生人格塑造的方法

【重要术语】

人格　人格障碍　健全人格　人格塑造

第一节　人格的定义及结构

一、人格的定义及特性

"人格"一词来自晚期拉丁文 persona，意思是面具。传说古罗马时期，一个演员的眼睛长得有点斜，为遮蔽自己不体面的形象，他就用面具来掩饰。后来，人们将戏剧中演员的面具与现实生活中形形色色的人相联系，于是，该词也就逐渐成为有多种含义的名词。心理学借用了这个词，使之成为一个专门的术语，即人格，用来说明每个人在人生舞台上各自扮演的角色及其不同于他人的精神面貌。弗洛伊德说："成年人的人格在5岁时已经形成。每一个阶段都有与之相应的动欲期，动欲必须得到适度满足，太多或太少都会使儿童固结在某一个阶段而不能发展或是倒退。人格由本我、自我、超我三个层面构成。"奥尔波特说："人格乃是个人适应环境的独特的身心体系。"艾森克（H. J. Eysenck）说："人格乃是决定个人适应环境的性格、气质、能力和生理特征。"卡特尔（R. B. Cattell）说："人格乃是可以用来预测个人在一定情况下所作行为反应的特质。"

综合各家观点，人格的定义可以总结为：构成一个人的思想、情感及行为的特有模式，包含了一个人区别于他人的稳定而统一的心理品质。

二、人格结构的分析

人格是一个复杂的结构系统，它包含许多成分，主要包括气质、性格、自我调控等方面。

（一）气质

气质是人的个性心理特征之一，是指在人的认识、情感、言语、行动中，心理活动发生时力量的强弱、变化的快慢和均衡程度等稳定的动力特征。主要表现在情绪体验的快慢、强弱、表现的隐显以及动作的灵敏或迟钝方面，因而它为人的全部心理活动表现染上了一层浓厚的色彩。气质是由人的生理素质或身体特点反映出的人格特征，是人格形成的原始材料之一，在新生儿期即有表现。如有的婴儿安静，有的好哭，必然影响其父母或哺育者与婴儿的互动关系，从而影响人格的形成。气质表现在心理活动的动力特征上，如心理过程的速度、强度、稳定性、指向性和灵活性等。具体表现为情绪体验的强弱、意志力的大小、注意集中时间的长短、知觉或思维的快慢等，使个体的全部心理活动呈现独特的色彩。人的气质本身无好坏之分，气质类型也无好坏之分。

古希腊医生希波克里特认为人体中有四种体液，并据此将人的气质分为以下四种类型。

1. 胆汁质。这种人情绪体验强烈，爆发迅猛，平息快速，思维灵活但粗枝大叶，精力旺盛，争强好斗，勇敢果断，为人热情直率、朴实真诚，表里如一，行动敏捷，生气勃勃，刚毅顽强。但这种人遇事经常欠思量，鲁莽冒失，易感情用事，刚愎自用。这类人适宜选择那些工作不断转换、环境不断变化、不断有新活动的职业，而不适宜从事那些需要注意力高度集中、事情处理过程须细心检查核对等特点的职业。

2. 多血质。这种人感情丰富，外露但不稳定，思维敏捷但不求甚解，活泼好动、热情大方，善于交往但交情浅薄，行动敏捷，适应力强。他们的弱点是缺乏耐心和毅力，稳定性差，见异思迁。适宜从事与人打交道的职业。

3. 黏液质。这种人情绪平稳、表情平淡，思维灵活性略差但考虑问题细致而周到，安静稳重、踏踏实实、沉默寡言、喜欢沉思，自制力强、耐受力比较高，内刚外柔，交往适度，交情深厚。但这种人的行为主动性较差，缺乏生气，行动迟缓。适宜做持久耐心细致的工作。

4. 抑郁质。这种人情绪体验深刻、细腻持久，情绪抑郁、多愁善感，思维敏锐、想象丰富，不善交际、孤僻离群，踏实稳重、自制力强。但他们的行为举止缓慢，软弱胆小，优柔寡断。

（二）性格

性格是我们比较容易观察和把握的人格层面。只要稍稍注意一下周围的人，我们就能对他们的行为方式和生活态度产生大致的了解。比如对待社会问题是激进的还是保守的；生活态度是乐观的还是消极悲观的；对待金钱是大方的还是吝啬的。性格是一种与社会关系最密切的人格特征，在性格中包含有许多社会道德意义。性格表现了人们对现实和周围世界的态度，并表现在个体的行为举止中。性格表现了一个人的品德，受人的价值观、人生观、世界观的影响，大部分是在后天的社会环境中形成的，是人的最核心的人格特征。与气质不同的是，性格有好坏之分，比如我们在日常交往和工作中更喜欢那些热情、友善、虚心谦逊、严于律己、坚决果断的人。

（三）自我调控

自我调控是人格中的内控或自控系统，具有自我认知、自我体验和自我控制三个子系统。自我认知是对自己的洞察和理解，包括自我观察和自我评价。自我体验是伴随自我认知而产生的内心体验，是自我意识在情感上的表现。当一个人对自己作出积极的评价时，就会产生自尊感；作出消极的评价时，就会产生自卑感。越是自卑，越希望得到认可与关注，结果行为也就越激进、盲目。但过高地估计自己也会骄傲自大、盲目乐观。自我控制是自我意识在行为上的表现，是实现自我意识调节的最后环节。

第二节　常见人格障碍

一、什么是人格障碍

生活中总有些人，我们与其接触的时候会觉得比较别扭，交往、沟通往往不是那么顺畅，而且总是觉得对对方喜欢不起来，经常觉得对方比较怪异。但是说他（她）哪里不对劲，或者心理有哪些不正常，似乎又不是那么清晰，给我们这样感觉的人可能就是存在某些人格障碍的人。人格障碍（personality disorders）与精神疾病有相似之处或易于引发精神疾病，严格意义上的人格障碍，是变态心理学范畴中介于精神疾病和正常人格之间的行为特征。中国精神障碍分类与诊断标准（CCMD-3）对人格障碍的定义是：指人格特征明显偏离正常，使病人形成了一贯的反映个人生活和人际关系的异常行为模式。这种模式显著偏离特定的文化背景和一般认知方式，明显影响其社会功能与职业功能，造成对社会环境的适应不良，病人为此感到痛苦，并已具有临床意义。人格障碍通常开始于童年或青少年时期，并一直持续到成年或伴随人终生。人格障碍的具体诊断标准简述如下。

（一）症状标准

个人的内心体验与行为特征（不限于精神障碍发作期）在整体上与其文化所期望和所接受的范围明显偏离，这种偏离是广泛、稳定和长期的，并至少有下列一项：

1. 认知（感知并据此解释人和事物，形成对自我及他人的态度和形象）的异常偏离；

2. 情感（范围、强度，及情感唤起和反应）的异常偏离；

3. 控制冲动及对满足个人需要的异常偏离；

4. 人际关系的异常偏离。

（二）严重标准

特殊行为模式的异常偏离，使病人或其他人（如家属）感到痛苦或社会适应不良。

（三）病程标准

开始于童年、青少年期，现年 18 岁以上，至少已持续 2 年。

（四）排除标准

人格特征的异常偏离并非躯体疾病或精神障碍的表现或后果。

二、常见人格障碍

（一）反社会型人格障碍

反社会型人格障碍又称精神病态或社会病态、悖德型人格障碍，是最多见的一类人格障碍。普里查德（Prichard）在 1935 年首先提出悖德狂（moral insanity）的诊断名称，描述这样一类患者：他们在本能欲望、兴趣嗜好、性情脾气和道德修养方面有异常改变，没有智能认识或推理能力的障碍，无妄想或幻觉。后来，悖德狂的名称逐渐被反社会型人格所取代。反社会型人格障碍引起的违法犯罪问题最多，患者以行为不符合社会规范为主要特点，情绪具有爆发性，行为冲动，对社会、对他人冷酷和仇视，缺乏好感与同情心，以及责任心和羞愧悔改之心，目无法纪，不能从挫折和惩罚中吸取教训，焦虑感和罪恶感缺乏。在作出反社会型人格障碍的诊断时，所要考虑的最关键方面是个人对自己的反社会行为的反应。在上述特征中，无责任感和无羞耻心尤其重要。反社会型人格障碍患者即便在做了大多数人通常会感到可耻和罪恶的事情后，在情感上也无反应。患者的行为在一般人看来通常被认为是精神病症状的非理性。反社会人格障碍在间歇期（不发作的时候）表现基本正常，无泛化的攻击性或冲动性表现。

CCMD－3 对反社会型人格障碍提出了下述诊断标准。

1. 符合人格障碍的诊断标准，并至少有下列项目中的三项：

（1）严重和长期不负责任，无视社会常规、准则、义务等，如不能维持长久的工作（或学习），经常旷工（或旷课），多次无计划地变换工作；有违反社会规范的行为，且这些行为已构成拘捕的理由（不管拘捕与否）；

（2）行动无计划或有冲动性，如进行事先未计划的旅行；

（3）不尊重事实，如经常撒谎、欺骗他人，以获得个人利益；

（4）对他人漠不关心，如经常不承担经济义务、拖欠债务、不抚养子女或赡养父母；

（5）不能维持与他人的长久关系，如不能维持长久的（1 年以上）夫妻关系；

（6）很容易责怪他人，或为自己的与社会相冲突的行为进行无理辩解；

（7）对挫折的耐受性低，微小刺激便可引起冲动，甚至暴力行为；

（8）易激惹，并有暴力行为，如反复斗殴或攻击别人，包括无故殴打配偶或子女；

（9）危害别人时缺少内疚感，不能从经验，特别是受到惩罚的经验中获益。

2. 在 18 岁前有品行障碍的证据，至少有下列项目中的三项：

（1）反复违反家规或校规；

（2）反复说谎（不是为了躲避体罚）；

（3）习惯性吸烟、喝酒；

（4）虐待动物或弱小同伴；

（5）反复偷窃；

（6）经常逃学；

（7）至少有 2 次未向家人说明外出过夜；

（8）过早发生性行为；

（9）多次参与破坏公共财物活动；

（10）反复挑起或参与斗殴；

（11）被学校开除过，或因行为不轨而至少停学一次；

（12）被拘留或被公安机关管教过。

一般来讲，反社会人格障碍患者在童年时期就有所表现，如偷窃、任性、逃学、离家出走、积习不改、流浪和对一切权威的反抗行为；少年时期过早出现性行为或性犯罪，常有酗酒和破坏公物、不遵守规章制度等不良行为；成年后工作表现差，常旷工，对家庭不负责任，在外欠款不还，常违反法律法规；30 岁以后，大约有 30%—40% 的患者有缓解或明显的改善。

（二）偏执型人格障碍

偏执型人格障碍又叫妄想型人格，是《精神疾病诊断与统计手册》所列的 12 种人格障碍之一。其特点是敏感多疑、固执己见；对别人无意的、中性的或是友好的行为常常猜疑，误解为敌意的，认为别人是在蔑视自己；对极小的侮辱伤害不能宽恕，耿耿于怀；对挫折和遭人拒绝过于敏感，过分自尊，追求权力，自我评价太高，认为自己一贯正确；忌妒心强，常常猜疑周围人在利用自己，对自己搞阴谋；自己的多疑和固执很难被人说服，很难改变自己的想法和观点。偏执型人格很容易发展成为偏执性精神病。

从心理发育的角度讲，偏执型人格障碍者的人格比较幼稚，常常喜欢使用

"投射心理机制"——即自己是怎么想的就认为别人是怎么想的，把感觉当做现实，也就是"以己之心，度人之腹"。这些人缺少与别人和外界的"界限感"，难以分清自己和别人的想法，难以区别想象和现实。所以，偏执型人格障碍者是一种专心生活在"个人神话"中的人。并且，由于这些人的心理发育不健全，心理防御机制比较单一，幻想和投射几乎成了他们唯一的思维和生活方式，所以，他们围绕着投射建立了强大、顽固的防线，会把全部精力用于维持自己的"幻想神话"。加之偏执型人格障碍者的智商都是非常高的，所以，他们所编织的神话是无法用辩论或者劝导瓦解的。除非他们积聚了足够的精神能量，发展了新的心理资源或防御机制，才有可能放弃"幻想神话"。

CCMD－3 对偏执型人格障碍提出了下述诊断标准。

1. 符合人格障碍的诊断标准。

2. 以猜疑和偏执为特点，并至少有下列项目中的三项：

（1）对挫折和遭遇过度敏感；

（2）对侮辱和伤害不能宽容，长期耿耿于怀；

（3）多疑，容易将别人的中性或友好行为误解为敌意或轻视；

（4）明显超过实际情况所需的好斗，对个人权力执著追求；

（5）易有病理性嫉妒，过分怀疑恋人有新欢或伴侣不忠，但不是妄想；

（6）过分自负和自我中心的倾向，总感觉受压制、被迫害，甚至上告、上访，不达目的不肯罢休；

（7）具有将其周围或外界事件解释为"阴谋"等的非现实性优势观念，因此过分警惕和抱有敌意。

（三）癔症型人格障碍

癔症型人格障碍，又称表演型人格或歇斯底里人格，其典型的特征表现为心理发育的不成熟性，特别是情感过程的不成熟性。具有这种人格障碍的人的最大特点是做作、情绪表露过分，总希望引起他人注意。患者的特征是表情和动作做作和夸张，富于表演色彩；暗示性强，思维、情绪和行为都易受别人暗示的影响；情感肤浅、脆弱、被动；以自我为中心，渴望他人的同情和赞扬；喜欢要挟、操纵、挑逗和依赖他人；好幻想，以想象代替事实，理智易被情感蒙蔽，任性，不习惯于逻辑思维。此类型人格障碍多见于女性，各种年龄层次都有，尤以中青年女性为主，一般年龄都在 25 岁以下。

CCMD－3 对癔症型人格障碍提出了下述诊断标准。

1. 符合人格障碍的诊断标准。

2. 以过分的感情用事或夸张言行，吸引他人的注意为特点，并至少有下列项目中的三项：

（1）富于自我表演性、戏剧性、夸张性地表达情感；

（2）肤浅和易变的情感；

（3）自我中心、自我放纵和不为他人着想；

（4）追求刺激和以自己为注意中心的活动；

（5）不断渴望受到赞赏，情感易受伤害；

（6）过分关心躯体的性感，以满足自己的需要；

（7）暗示性高，易受他人影响。

此外，此类患者还有性心理发育的不成熟，表现为性冷淡或性过分敏感，女性患者往往天真地展示性感，用过分娇羞样的诱惑勾引他人而不自觉。一般来讲，此类型人格障碍的症状会随着年龄的增长、心理的逐渐成熟而减轻。但不能保证可以不治而愈，在应激状态下还有可能发生癔病症状。癔症型人格障碍产生的原因目前未得到证实，一般认为与早期家庭教育有关，父母溺爱孩子，使孩子受到过分的保护，造成生理年龄与心理年龄不符，心理发展严重滞后，停留在少儿期的某个水平，因而表现出癔症型人格特征；此外，患者的心理常有强烈的受暗示性和依赖性，也可能是此类型人格产生的原因之一。

（四）强迫型人格障碍

强迫型人格的最主要特征就是要求过分严格和追求绝对完美，容易把冲突理智化，具有强烈的自制心理和自控行为。这类人在平时有不安全感，对自我过分克制，过分注意自己的行为是否正确、举止是否适当，因此表现得特别死板、缺乏灵活性。责任感特别强，往往用十全十美的高标准要求自己，追求完美，同时又墨守成规。在处事方面，过于谨小慎微，常常由于过分认真而过于重视细节、忽视全局。怕犯错误，遇事优柔寡断，难以作出决定。他们的情感以焦虑、紧张、悔恨为主，轻松、愉快、满意较少。做不到平易近人，难以热情待人，缺乏幽默感。由于对人对己都感到不满而易招怨恨。

CCMD-3 对强迫型人格障碍提出了下述诊断标准。

1. 符合人格障碍的诊断标准。

2. 以过分的谨小慎微、严格要求与完美主义，及内心的不安全感为特征，并至少有下列项目中的三项：

（1）因个人内心深处的不安全感导致优柔寡断、怀疑，及过分谨慎；

（2）需在很早以前就对所有的活动作出计划并不厌其烦；

（3）凡事需反复核对，因对细节的过分注意，以致忽视全局；

（4）经常被讨厌的思想或冲动所困扰，但尚未达到强迫症的程度；

（5）过分谨慎多虑，过分专注于工作成效而不顾个人消遣及人际关系；

（6）刻板和固执，要求别人按其规矩办事；

（7）因循守旧、缺乏表达温情的能力。

强迫型人格具体的行为表现有三个方面：

（1）心里总笼罩着一种不安全感，常处于莫名其妙的紧张和焦虑状态。如门锁上后还要反复检查，担心门是否锁好；写完信后反复检查邮票是否已贴好、地址是否写对；等等。

（2）思虑过多，对自己做的事总没把握，总以为没达到要求，别人一怀疑，自己就感到不安。

（3）行为循规蹈矩，不知变通。自己爱好不多，清规戒律倒不少。处理事情有秩序，整洁，严守时刻，但对节奏明快、突如其来的事情显得不知所措，很难适应，对新事物接受慢。

总之，强迫型人格总是给人以刻板、僵硬、缺乏生命活力的印象。强迫型人格障碍的形成一般在幼年时期，与家庭教育和生活经历直接有关。父母管教过分严厉、苛刻，要求子女严格遵守规范，绝不准自行其是，造成孩子做事过分拘谨和小心翼翼，生怕做错事而遭到父母的惩罚，做任何事都思虑甚多，优柔寡断，并慢慢形成经常性紧张、焦虑的情绪反应。一些家庭成员的生活习惯也可能对孩子产生影响，如医生家庭，父母由于过分爱清洁，对孩子的卫生特别注意，容易使孩子形成“洁癖”，养成强迫性洗手等行为习惯。另外，幼年时期受到较强的挫折和刺激，也可能产生强迫型人格。还有研究表明，强迫型人格与遗传也有关系，家庭成员中有患强迫型人格障碍的，其亲属患强迫型人格障碍的概率比正常家庭要高。

（五）分裂样人格障碍

分裂样人格障碍的特点是患者的观念和行为表现奇特，与众不同；对人情感淡漠，缺乏亲密信任的人际关系，无知心朋友；孤僻，好沉思幻想，总是单独活动；行为古怪，不修边幅，不能顺应世俗；对别人的赞扬和批评无动于衷，很少表现强烈的情绪体验；缺乏进取心，回避竞争性处境；性生活表现冷淡。据调查，约有半数的精神分裂症病前是分裂样人格。

CCMD-3 对分裂样人格障碍提出了下述诊断标准。

1. 符合人格障碍的诊断标准。

2. 以观念、行为和外貌装饰的奇特、情感冷淡，及人际关系缺陷为特点，并至少有下列项目中的三项：

（1）性格明显内向（孤独、被动、退缩），与家庭和社会疏远，除生活或工作中必须接触的人外，基本不与他人主动交往，缺少知心朋友，过分沉湎于幻想和内省；

（2）表情呆板，情感冷淡，甚至不通人情，不能表达对他人的关心、体贴及愤怒等；

（3）对赞扬和批评反应差或无动于衷；

（4）缺乏愉快感；

（5）缺乏亲密、信任的人际关系；

（6）在遵循社会规范方面存在困难，导致行为怪异；

（7）对与他人之间的性活动不感兴趣（考虑年龄）。

从以上的诊断标准可以看出，分裂样人格障碍患者主要表现出缺乏温情，难以与别人建立深厚的情感联系，因此，他们的人际关系一般很差。他们似乎超脱凡尘，不能享受人间的种种乐趣，如夫妻间的交融、家人团聚的天伦之乐等，同时也缺乏表达人类细腻情感的能力。故大多数分裂样人格障碍患者始终独身，即使结了婚，也多以离婚告终。一般来说，这类人对别人的意见也漠不关心，无论是赞扬还是批评，均无动于衷，过着一种孤独寂寞的生活。其中有些人有业余爱好，但多是阅读、欣赏音乐、思考之类安静被动的活动，部分人还可能一生沉醉于某种专业，取得较大的成就。但从总体来说，这类人生活平淡、刻板，缺乏创造性和独立性，难以适应多变的现代社会生活。

这类人的性欲淡漠也颇为突出。他们的内心世界极其广阔，常常想入非非，但往往缺乏相应的情感内容。他们总是以冷漠无情来应付环境，以“眼不见为净”的方式逃避现实，但他们这种与世无争的外表不能压抑内心的焦虑和敌意的痛苦。

分裂样人格障碍的形成一般与人的早期心理发展有很大关系。人类个体出生以后，有很长一段时间不能独立，需要父母的照顾。在这个过程中，儿童与父母的关系占据重要地位，儿童就是在与父母的关系中建立起自己的早期人格。在成长过程中，尽管每个儿童不免要受到一些指责，但只要能感觉到周围有人爱他，就不会产生心理上的偏差。如果终日不断被骂、被批评，得不到父母的爱，儿童就会觉得自己毫无价值。更进一步，如果父母对子女不公正，就会使儿童是非观念不稳定，产生心理上的焦虑和敌对情绪，有些儿童因此而分离、独立，逃避与父母身体和情感的接触，进而逃避与其他人和事物的接触，这样就极易形成分裂样人格。

第三节　大学生健全人格的塑造

一、健全人格的模式

健全人格是指正常生存或生活的社会个体的人格，与病态人格相对。健全人格是由人的内在心理引导的行为方式，这种方式由理智所引导并尊重生活，热爱自我及自然环境，因此人的需要得以满足，而且人的意识、才智以及能力都得到健康、全面、和谐的发展，进而形成积极向上的心理品质和个性特征。一般说来，如果个体能与社会环境相适应，就具有正常的人格。健全人格是一个非特定的范畴性概念（严格意义上说健全人格是一个非科学性概念），可以从以下几个方面来认识这一概念：

第一，健全人格是一个相对的概念，它的反面是不健全人格。当一个人的人格发展出现了偏离或障碍时，我们就需要对之加以纠正和解决，这个过程就是人格的健全过程。健全人格的培养过程，就是促进个性特征的全面发展以达到人格发展的正常状态的过程。

第二，健全人格是一个发展性概念，人格的不断发展过程其实就是人格的逐步健全过程。作为一个有机体，婴儿是谈不上具备健全人格的。伴随着年龄的增长，为适应人类社会生活环境和条件，他们将接受各种教育影响，人们会将一定的社会道德规范以及社会发展对人的素质的要求转化为教育和训练的目标，施加在青少年身上。

第三，健全人格是一个结构性概念，把人格看成是一个相对稳定而又不断变化的结构，是认知人格理论的共识。一般认为，人格是由一组特质组成的，特质是构成人格的基本单位。

关于健全人格，不同的学者有不同的界定。自 20 世纪 50 年代后期以来，一些心理学家根据他们的研究，提出许多有关健全人格类型的观点。其中代表性的观点有奥尔波特的“健康成熟的人”、罗杰斯的“功能完善的人”、弗洛姆的“创造性的人”、马斯洛的“自我实现的人”、荣格（C. G. Jung）的“个体化的人”、弗兰克（V. Frankl）的“超越自我的人”、皮尔斯（F. S. Perls）的“此时此刻的人”。他们的共同特点是对人性持乐观的态度，认为人能够而且必须超越生物本性和环境特征，相信人自身具有扩展、丰富、发展和完善的潜能，而这些潜能的实现就成为健全人格。下面介绍其中影响广泛的三种观点。

（一）“成熟者”模式

奥尔波特在哈佛大学一直从事对高心理健康水平的人的研究，并把他们称为“人格成熟者”。为此他提出了七个指标：能主动、直接地将自己推延到自身以外的兴趣和活动中；具有对人表示同情、亲密或爱的能力；能够接纳自己的一切，好坏优劣都如此；能够准确、客观地知觉现实和接受现实；能够形成各种技能和能力，专注并能高水平地胜任自己的工作；自我形象现实、客观，知道自己的现状和特点；能着眼未来，行为的动力来自长期的目标和计划。

（二）“自我实现者”模式

马斯洛是人本主义心理学的创始人之一，其学说旨在研究和挖掘人类心理的最大潜力，他把那些能发挥自身遗传限度内最大可能力量的人称为“自我实现者”，亦即真正的心理健康的人。他认为这类人并不多见，作为一般人的楷模，他们具有如下特点：良好的现实知觉；接纳自然、他人与自己；自发、坦率、真实；以自身以外的问题为中心；有独处和自立的需要；功能发挥自主；愉快体验常新；有神秘或高峰体验（高峰体验是指那种如痴如醉、物我两忘的境界或情绪）；有社会情趣；人际关系深刻；有民主性格结构；有创造性；不随波逐流。

（三）“创发者”模式

弗洛姆认为，社会环境与心理健康有着极为密切的关系，变革的社会可以造就大量心理健康的人，他们可以充分使用自己的所有力量、潜能和能力，弗洛姆称此种人为“创发者”。“创发者”的特征主要表现在以下四个方面：

1. 创发性的爱情：相爱的双方能保持独立的个性。在爱情之中不肯为追求“和谐”而泯灭个性，而是使个性得到进一步的发展。然而要达到这种爱是很困难的，因为它涉及关怀、责任、尊重和理解四个方面的难题。

2. 创发性的思维：对思维对象有强烈的情趣，并能以客观、尊重与关心的方式来考察思维对象。

3. 幸福：这是一种生机盎然、充满活力、身体健康和个人各种潜能得到实现的状况，而不只是一种愉快体验。

4. 良心：这是一种严格的道德准则的体现。支配心理健康者良心的是内在自我的心声，而不是迫于压力的外在力量。

二、健全人格的塑造

（一）正确的自我认知

正确的自我认知是指对自己有着较为明确的了解，能客观地认识自己和评价自己，既承认自己的能力和才干，又承认自己的不利条件或限制因素。自我认可的原则是指，对自己的能力和才干、潜力和长处竭力发扬光大，对自己的缺点和不足则能主动地进行自我批判和自我教育，也能努力去避免、改正和克服，能正确估计自己的地位与作用，努力献身于符合社会发展规律和现实的社会理想。具有自我认知人格特征的人，明了自己的内心世界，明了自身的存在价值，能够根据自己的天赋、体格、实际能力和才干、明确的地位和作用来确定并实现自己的奋斗目标和人生目的，以造就自己；在日常表现中有较强的自我控制力，既不清高、狂妄，又不自轻自贱、自怨自艾、妄自菲薄、自我欺骗，善于正确地“接纳自我”；对自己与周围环境的认识比较客观、实事求是。

（二）具有良好的社会环境适应能力

适应是一个人能使自己与现实相和谐并不断发展的过程，在个人和环境发生相互作用的过程中，可以完好地保持自己生理、心理和社会行为适应的统一性，以达到个人发展的目的。现代社会的快速变迁，向每个人提出了“学会适应”的要求，适应不良成为现代人的一个流行病。人格健全的人能对社会环境采取现实的态度，正视人生，适应社会的变化，善于选择积极主动的生活方式，较好地调整个人期望与社会期望的矛盾冲突，保持与社会环境的协调一致，在思想、目标和行为上适应时代的发展。

（三）心理内部的和谐发展

人格健全者的需要和动机、兴趣和爱好、智慧和才能、人生观和价值观、理想和信念、性格和气质等都朝向健康的方向发展。他们的内心协调一致，言行一致，能正确认识和评价自己的所作所为是否符合客观要求及社会道德准则。他们能通过和谐一致的内心及时调整自己与外部世界的关系。一个人如果失去人格的内在一致性，就会出现认识扭曲、情绪变态、行为失控等问题。完整统一的人格体现为所思所想、所作所为都是协调一致的。因此，具有稳定、完整人格的专业技术人员，应当胸怀坦荡、光明磊落，言行一致、表里如一，思想和行为相协调、相一致，不为私欲背弃信念和良心，不口是心非；对外界刺激反应适度、协调合拍、不偏颇，能为自己、他人、集体和社会所认同。

（四）善于自我调节，达到情绪、心态平衡

所谓平衡，就是指对人际关系和事件要保持灵活而全面的看法。它要求一个人要有预见人生挫折、威胁和冲突的能力，善于平衡自身与环境的关系，正确处理与他人和社会的关系，保持与社会良好的接触，客观地分析和评价个人的得失，使自己的思想、目标、行动都能跟上时代的发展，与社会要求相符合。若发现个人利益与社会利益发生冲突，要能修正或放弃自己不切实际的计划，以求得与社会的协调一致，而不出现过激的行为反应。自我调节是社会适应的重要手段，同时也是健全人格发展的调节和保障机制。

（五）正确处理人际关系

人格健全的人乐于与人交往，具有良好的人际关系。既能接受自我，又能悦纳别人，因此有稳定而广泛的人际关系和知心朋友，并能将自己与集体融为一体。对己不卑不亢，对人宽容大度；能容人之长也能容人之短，能正确处理互助与竞争的关系，有与集体休戚相关、荣辱与共的情感，并积极谋求个人与集体的共同发展。人际关系就是人们在客观现实生活中，通过交往而形成的人与人之间的心理关系及其活动形式，它是一切社会关系的总和。人际交往是人存在的需要，也是人心理健康的需要。人际交往和谐上升到一个很高的层次就是团结、大度、合作，当今社会发展需要极强的凝聚力和合作精神，这是社会前进和发展的动力所在。

附：人格测验

气质量表

请认真阅读下列各题。对于每一题，你认为非常符合自己情况的，在后面括号里填“2”，比较符合的填“1”，拿不准的填“0”，比较不符合的填“－1”，完全不符合的填“－2”。

1．做事力求稳妥，不做无把握的事。（　　）

2．遇到可气的事就怒不可遏，把心里话全说出来才痛快。（　　）

3．宁可一个人做事，不愿很多人呆在一起。（　　）

4. 到一个新环境很快就能适应。(　　)
5. 厌恶那些强烈的刺激，如尖叫、噪声、危险的镜头等。(　　)
6. 和人争吵时，总是先发制人，喜欢挑衅。(　　)
7. 喜欢安静的环境。(　　)
8. 喜欢和人交往。(　　)
9. 羡慕那种能克制自己感情的人。(　　)
10. 生活有规律，很少违反作息制度。(　　)
11. 在多数情况下，情绪总是乐观的。(　　)
12. 碰到陌生人觉得很拘束。(　　)
13. 遇到令人气愤的事，能很好地自我克制。(　　)
14. 做事总是有旺盛的精力。(　　)
15. 遇到问题常常举棋不定，优柔寡断。(　　)
16. 在人群中从不觉得过分拘束。(　　)
17. 情绪高昂时，觉得干什么都有趣。(　　)
18. 当注意力集中于一件事时，别的事很难使我分心。(　　)
19. 理解问题总比别人快。(　　)
20. 碰到危险情境，常有一种极度恐惧感。(　　)
21. 对学习、工作、事业怀有很高的热情。(　　)
22. 能够长时间做枯燥、单调的工作。(　　)
23. 符合兴趣的事情，干起来劲头十足，否则就不想干。(　　)
24. 一点小事就能引起情绪波动。(　　)
25. 讨厌那种需要耐心、细致的工作。(　　)
26. 与人交往不卑不亢。(　　)
27. 喜欢参加热烈的活动。(　　)
28. 喜欢看感情细腻、描写人物内心活动的文学作品。(　　)
29. 工作、学习时间长了，常感到厌倦。(　　)
30. 不喜欢长时间讨论一个问题，喜欢实际动手干。(　　)
31. 宁愿侃侃而谈，不愿窃窃私语。(　　)
32. 别人说我总是闷闷不乐。(　　)
33. 理解问题常比别人慢些。(　　)
34. 疲倦时只要短暂的休息就能精神抖擞，重新投入工作。(　　)
35. 心里有话宁愿自己想，不愿说出来。(　　)
36. 认准一个目标就希望尽快实现，不达目的，誓不罢休。(　　)
37. 学习、工作同样一段时间后，常比别人疲倦。(　　)
38. 做事有些鲁莽，常常不考虑后果。(　　)

39. 老师或师傅讲授新知识、新技术时，总希望他讲慢些，多重复几遍。(　　)

40. 能够很快忘记那些不愉快的事情。(　　)

41. 做作业或完成一件工作总比别人花的时间多。(　　)

42. 喜欢运动量大的剧烈体育活动，或参加各种文娱活动。(　　)

43. 不能很快地把注意力从一件事转移到另一件事上。(　　)

44. 接受一个任务后，希望把它迅速完成。(　　)

45. 认为墨守成规比冒风险强些。(　　)

46. 能够同时注意几件事物。(　　)

47. 当我烦闷的时候，别人很难使我高兴起来。(　　)

48. 爱看情节跌宕起伏、激动人心的小说。(　　)

49. 对工作抱认真严谨、善始善终的态度。(　　)

50. 和周围人们的关系总是相处不好。(　　)

51. 喜欢复习学过的知识，重复做已经掌握的工作。(　　)

52. 喜欢做变化大、花样多的工作。(　　)

53. 小时候会背的诗歌，我似乎比别人记得清楚。(　　)

54. 别人说我“出语伤人”，可我并不觉得这样。(　　)

55. 在体育活动中，常因反应慢而落后。(　　)

56. 反应敏捷，头脑机智。(　　)

57. 喜欢有条理而不甚麻烦的工作。(　　)

58. 兴奋的事常使我失眠。(　　)

59. 老师讲新概念，常常听不懂，但是弄懂以后就很难忘记。(　　)

60. 假如工作枯燥无味，马上就会情绪低落。(　　)

评分方法：

1. 每种气质类型的总分统计

胆汁质包括的题目有：2，6，9，14，17，21，27，31，36，38，42，48，50，54，58；

多血质包括的题目有：4，8，11，16，19，23，25，29，34，40，44，46，52，56，60；

黏液质包括的题目有：1，7，10，13，18，22，26，30，33，39，43，45，49，55，57；

抑郁质包括的题目有：3，5，12，15，20，24，28，32，35，37，41，47，51，53，59。

2. 气质类型确定

A. 某种总分均高出其他三种 4 分以上，则定为该类型；

B. 该类型如超过 20 分，则为典型类型；

C. 如该类型得分在 10—20 分之间，则为一般类型；

D. 如两种得分接近，其差异低于 3 分，而又明显地高出其他两种 4 分以上，则可定为两种混合型气质；

E. 如三种得分均高于第四种而且很接近，则为三种的混合型。

每种气质类型的特征详见第一节。

【建议参考资料】

1. 黄希庭. 人格心理学［M］. 杭州：浙江教育出版社，2002.

2. 伯格. 人格心理学［M］. 陈会昌，译. 6 版. 北京：中国轻工业出版社，2004.

3. 高玉祥. 健全人格及其塑造［M］. 北京：北京师范大学出版社，1997.

4. 郑日昌，陈永胜. 学校心理咨询［M］. 北京：人民教育出版社，2010.

【问题与思考】

1. 人格的主要结构是什么？
2. 你属于哪种气质类型？
3. 大学生常见的人格障碍有哪几种？
4. 对健全人格有哪些界定？
5. 大学生如何塑造健全人格？

第四章 大学生人际适应及其发展辅导

【本章提要】

本章主要介绍人际关系的含义、大学生人际关系及常见问题、大学生和谐人际关系的建立等内容。其中还包括大学生的主要人际关系、人际交往观、改善人际关系的训练活动等。

【学习重点】

1. 人际关系的含义
2. 大学生人际交往的功能
3. 大学生主要人际关系及其常见问题
4. 大学生和谐人际关系的建立

【重要术语】

人际关系　人际交往　自我认知　沟通

第一节 人际关系概述

我国著名的心理学家丁瓒先生曾指出：人类的心理适应主要是对人际关系的适应，所有人类的心理病态主要是由于人际关系的失调而引起的。调查表明，大学生人际失调是造成注意力不集中、焦虑、失眠、健忘等心理问题的重要原因之一。人际关系从一个侧面反映一个人的心理健康和心理适应状况。建立和谐的人际关系对于在校以及即将走上工作岗位的大学生来说，有着十分重要的意义。美国哈佛大学的调查表明，获得事业成功85%的原因在于有良好的人际关系，15%取决于个人的技术、能力、经验。因此，和谐的人际关系，犹如空气之于人、水之于鱼一般重要。

一、人际关系的含义

人际关系是指人与人之间由于直接交往所带来的情感联系，是人与人之间心理上的关系和距离，是以一定的群体为背景，在相互交往的基础上，经过认知调节、感情体验、行为交往等手段而形成的，是人们长期交往的结果。日常生活中，人与人之间由于所处社会地位和所担负社会角色的不同而形成的社会角色关系，也被称做人际关系，如师生关系、上下级关系、夫妻关系、亲子关系、朋友关系等。人际关系对大学生知识的掌握、能力的提高、心理的健全、品德的培养、社会意识的增强等都有着极其重要的作用。

二、大学生人际关系分析

大学生的人际关系是高等院校中人际关系的重要组成部分，是大学生在学习、工作、生活过程中结成的一种人际关系。大学生人际关系由认知、情感、行为三种心理成分构成。首先，认知成分反映了大学生个体对人际关系状况的认识，是人际关系知觉的结果，是人际关系形成、发展和改变的基础。其次，情感成分是交往双方在情感上的满意程度和亲疏关系，是与人的交往需要相联系的一种体验，反映出对交往现状的满意程度。再次，行为成分是指大学生交往双方外显的行为表现，如语言、手势、举止、表情等表现个性和传达信息的行为因素，它是建立和发展人际关系的交往手段与形式。

人际关系包含认知、情感和行为三个相互联系与相互制约的成分，其中以感情相悦和价值观相似为核心。

感情相悦，即你喜欢别人的同时别人也喜欢你。两情相悦，互相接纳，可以避免或减少人际间的摩擦与冲突，使人际交往得以良性循环。反之，你喜欢别人而别人不喜欢你，或者说别人喜欢你而你不喜欢别人，甚至格格不入，就无法正常交往，这在大学生人际交往中也是很普遍的现象。

价值观相似，即能吸引自己的人，必须是在价值观念、态度、信念等方面与自己相似的人。价值观越相似，意见越一致，就越能取得共识，越相互喜欢。因为在交往中，彼此价值观相似，不仅容易获得相互支持与共鸣，而且容易预测彼此的反应倾向，能够步调一致，相互适应就比较容易。价值观相似会促进交往频率的增加，循环往复，彼此关系便趋向稳定。

感情相悦和价值观相似，是人际吸引的两大心理机制，其功能的差异是前者作用于交往的前期，后者则常作用于后期。理想的人际关系需要两种机制同时发生作用，既感情相悦又价值观相似。

三、人际关系的建立和发展

人生是有限的，我们不可能去广泛地团结每一个人，因此，人际关系的对象都是经过自觉或不自觉的选择的。一般来说，良好人际关系的建立和发展，从交往由浅入深的角度来看，需要经过定向、情感探索、感情交流和稳定交往四个阶段。

（一）定向阶段

定向阶段包含着对交往对象的注意、抉择和初步沟通等多方面的心理活动。

在熙熙攘攘的人群中，人们并不是同任何人都能建立良好人际关系的，而是对人际关系的对象有着高度的选择。通常情况下，只有那些具有某种会激起人们兴趣特征的人，才会引起人们的特别注意。

注意也是选择，它本身反映着某种需要倾向。比如，在一个盛大的舞会上，你不可能请所有的人去跳舞，只能把注意力高度集中在一个或几个异性身上。在一个集体里，你也不可能与所有的人保持相等的距离，总有亲近的和疏远的，这都是选择。与注意不同，抉择是理性的决策，人们究竟选择谁作为交往对象，并与其保持良好的人际关系，往往要经过自觉的选择过程。

初步沟通是人们在选定一定的交往对象以后，试图与这一对象建立某种联系的实际行动。在初步沟通的过程中，谈话只涉及自己最表面的信息。

（二）情感探索阶段

在这一阶段，随着双方共同情感领域的发现，双方的沟通也会越来越广泛，自我暴露的深度与广度也逐渐增加。在这一阶段，人们的话题仍避免触及别人的私密性领域，自我暴露也不涉及自己根本的方面。尽管在这一阶段，人们在双方关系上已开始有一定程度的情感卷入，但双方的交往模式仍与定向阶段相类似，都希望给对方留下良好的第一印象，以便以后的关系能够顺利发展。

（三）感情交流阶段

人际关系发展到感情交流阶段，双方的交往性质开始出现实质性变化。此时双方在人际关系上的信任感、安全感已经得到确立，因而谈话也开始广泛涉及自我的许多方面，并有较深的情感卷入。如果关系在这一阶段破裂，将会给人带来相当大的心理压力。

在这一阶段，双方的表现已经超出正式交往的范围，此时，人们会相互提供真实的评价性的反馈信息和建议，彼此进行真诚的赞美和批评。

（四）稳定交往阶段

在这一阶段，人们心理上的相容性会进一步增加，自我暴露也更为广泛和深刻。此时，人们已经可以允许对方进入自己高度私密性的个人领域，分享自己的生活空间和财产。如果双方都没有发现对方有不可容忍的行为，那么在求大同存小异的基础上，双方的友谊是可以继续发展的。

四、大学生人际交往的功能

交往是大学生健康成长的基本条件。一个人的成长、发展、成功、成才都是在人际交往中完成的，一个人的喜怒哀乐也都与人际关系有关。美国人本主义心理学家马斯洛认为，人人都具有这样一种基本需要：需要归属于一定的社会团体，需要得到他人的爱与尊重。这些社会需要是与吃饭穿衣等生理需要同等重要的不可缺失的需要，若得不到满足，将使人丧失安全感，进而影响心理健康。

大学阶段是人生发展的重要阶段。一方面，大学生离开家庭，需要独立地面对新的生活和环境，以及挫折和挑战；另一方面，大学生正处于特殊的生理心理发展阶段，是从幼稚走向成熟的过渡期，他们情绪不稳定，易产生心理矛盾，往往更加渴望和谐的人际关系。所以，人际交往对于大学生的成长、发展和成才就像雨露阳光一样重要。

（一）社会角色行为的学习

当你在家的时候，你可能扮演着“孩子”或同胞兄弟姐妹的角色；当你身处教室的时候，你是“学生”的角色；当你在公司上班的时候，你是“职员”的角色；还有的时候，你是一名“最好的朋友”或者“恋人”。通常情况下，你可能没有特别意识到角色的形成及转换。那么这些社会角色是如何形成的呢？

婴儿一开始只会吃、睡、啼哭，全靠大人悉心照料，随着时间的推移，在大人的帮助下，逐步学会了爬、走、说话及与人交往，并掌握了社会生活的准则，也就由一个自然人变成了一个社会人。这个过程叫做社会化。人只有生活在一定的人际关系中成为社会化的个体，才能具有完整的人格和品行，才能学习社会角色行为。社会化的目的是获得社会角色。每个人都处在角色网络之中，都要进行人际交往。一个人的言行如果和自己的社会角色不符，在社会生活中将很难被人接纳。

（二）心理健康需要

离开了人群的人，就会变成一只野兽。为了生存和发展，一个社会人不仅需要合群，还需要通过人际交往去满足身心健康的需要。

人是社会性动物，其自我意识和各种智能都是社会性的产物。人只有置身于人际环境中，通过社会获得支持性的信息，才能不断得到发展。心理学家曾从不同的角度进行了大量研究，结果都证明：心理健康水平越高即个性越健康，与人交往越主动积极，其人际关系也越融洽，越符合社会的期望，其工作绩效也越高。马斯洛发现，心理健康水平高的“自我实现者”，都可以很好地接纳别人，同别人的关系也比一般人要深刻。他们对别人有更强烈、更深刻的友谊和更崇高的爱。人如果建立了良好的人际关系，就会产生心理安全感，对人更加信任、宽容。具有归属感的人更容易从朋友中得到理解和支持，特别是情绪不好的时候，有人倾诉对于心理健康有积极作用。爱的获得与给予，更是离不开人际交往。

（三）信息交流与互补

人际交往包括人们之间的一切互动过程，其中信息沟通是重要内容，即人与人之间诸如情感、意向、思想、价值等方面的理解与沟通。人与人之间的接触与交往，不仅仅是相互间的关系，更重要的是信息的交流。个人对客观世界的认识、兴趣、经验和体会，往往在交往中自觉或不自觉地流露和表达出来，并传递给周围的人。在当今的信息时代，大学生在交往过程中所获得的信息，对其学习、生活都会起到积极的作用，交往中形成良好的心理共鸣，可以产生激励作用，使同学间彼此团结，培养健康的情绪，养成文明的习惯，把精力放在学业上，共同进步。显然，一个不勇于开放心扉、不善于交际的人，难以适应复杂多变的现代社会，既不能通过人际交往获取和占有信息，也不能得到他人的理解和支持，就难以在激烈的竞争中取胜。所以，人际交往能力成为现代人应具备的重要素质。

（四）品质和经验的获得

一个人的心理品质是在人际交往中形成、巩固和强化起来的，一个人的交往能力和技巧同样是在与人交往中学习和发展起来的。人际交往是一门很复杂、很重要的学问。不论你将来从事什么职业，都必须和人打交道，在与人的交往中，学会为人处世的学问。在现实生活中，我们常常看到大学生中人际关系处理得好、人际交往和谐的团队，会对这个团队中的成员起到一种向心的作用，产生积极向上的影响，而且每个成员在人际互动中学会了相互理解、接纳和包容。这些经验的取得对大学生将来就业、发展以及成功影响深远。

另外，情绪智力（又称情商，EQ）的五大因素，即自我了解、自我激励、自我控制、了解他人的情绪和人际关系，没有一项不是通过人际交往而获得的，可见通过人际交往也可以提高一个人的情绪智力。

（五）自我完善的一面镜子

人际交往是个体社会化的程序，也是自我认知和自我评价的必经之路。个体从与他人交往以及与他人比较中认识自我形象，这就是我们常说的“以人为镜”。

认知能力是人际交往的直接前提，它决定了个体对人的判断、反应、交往方式及选择朋友的标准等。认知是人际交往成败的关键。认知能力强的人，能在复杂的人际关系中自由穿梭且魅力无穷。

在人际交往中怎样“以人为镜”是自我完善的关键。“以人为镜”是建立在人际知觉基础上的，人际知觉需要会倾听、会观察、会分析、会判断，从而得知自己言行的影响、自己在别人心目中的形象，继而再调节自己的言行，修塑自己的人格。这也就是所谓的“自知”。

自知与自知之明有不同的含义。自知就是对自己的生理、心理、社会活动以及自己与他人的关系的认识，这种认识将随着年龄和社会实践的增长而不断提高和完善。自知是自我评价和自我完善的关键，而自知之明是对自己的优点或优势以及缺点或劣势都能有一个客观的认识。然而在现实生活中，人们说起某人没有自知之明，似乎多指此人看不到自己的缺点。自知之明也是自我完善的一种认知。

第二节　大学生人际关系及常见人际交往问题

一、大学生人际关系面面观

大学是一个浓缩的“小社会”，存在着类型各异的人际关系。无论是绚丽多彩的校园生活，使自己有机会投身社团、开展社会实践，还是随着自我意识的增强和社会经验的丰富，使自己开始有意识、有能力关注自己与他人的交往，人际关系状况毫无例外地为每位大学生的生活确定色彩的基调。大学生人际关系主要的表现形式有同学关系、室友关系、朋友关系、父母关系、网络关系。

（一）同学关系

同学关系主要是指作为正式群体的班级和院系内部的学生之间的关系。这种关系以专业学习为基础，是大学生最重要、最基本、最稳定的人际关系之一。大学生尤为重视同学关系，更愿意以同学的行为作为参照标准，更在意同学对自己的评价，更看重同学的肯定和认可。多数大学生远离家庭离开父母的庇护，来到一个崭新的环境，首先需要获得的是自己的归属感。随着大学生的自我成长，特别是在青春期，被同龄人和身边的团体所接纳是归属感的重要满足方式。大学生在人际交往中更注重情感成分，希望把同学关系发展成朋友关系，希望多交朋友，不管是一般的朋友还是知心朋友，这样在自己遇到困难和挫折时会有强大的社会支持系统。

在同学关系中，竞争和友谊是相伴而行的，因此要学会在竞争中发展友谊，在友谊中促进竞争。同学间的竞争显示出大学生奋发进取、积极向上的精神面貌，是前进的推动力，使大学生活充满生机。

（二）室友关系

大学生寝室中的室友关系是时空充分接近的人际关系，也是纠纷、矛盾相对集中的人际关系。个体的行为习惯、人格特征在室友关系中彻底呈现出来，在这些方面存在较大差异的同学之间就不可避免地产生矛盾和紧张。迟睡或早起的学生与入睡困难的学生之间，乱放杂物的学生与很爱整洁的学生之间，要午休与不午休的学生之间，喜欢热闹气氛的学生与喜欢安静环境的学生之间，说话幽默的学生与说话严肃的学生之间，都可能相互误解、讨厌、反感和敌视。住上下铺的同学之间更容易出现矛盾。有的学生不喜欢别人坐自己的床铺，有的学生不喜欢别人用自己的东西，如果某些同学不够注意，就容易引起不愉快。另外，与非本班、非本系学生合住的个体，也常常抱怨室友关系不和谐。

（三）朋友关系

这类人际关系超越了同学关系或寝室关系，可以是同性朋友，也可以是异性朋友。大学生的朋友关系是那些有共同志向、意趣、爱好，关键时候可以提供更大更切实帮助的个体之间的关系。正如通常所理解的，朋友关系是一种比较密切的人际关系。朋友对个体的影响可以超过家长或教师。在时空过分接近的情况下，朋友之间如果过于亲密，也可能产生有害的人际关系，使个体失去人身自由和个性独立，形成无法摆脱的人际束缚和人际张力。大学生往往存在理想化的朋友观念，认为朋友就应该是亲密无间的，绝对以双方的利益为重，这是人际期望的表现之一。实际上，保持适度的时空距离有利于大学生朋友关系的巩固和发展。不过，随着时空距离的增大，朋友关系也可能逐渐疏远。

1. 同性交往

同性同学的交往，是大学生性别认同需要的体现。在交往中，个体可以获得适应自身发展的诸多信息，涉及特定的知识和技能；在交流和沟通过程中，个体认识和评价自身，使心身不断发展和变化。不过也可能出现的是，大学生在这类交往中体验到自身的劣势，从而不再愿意主动交往。这是其人际安全得不到保障的结果。比如，有的大学生乐于与异性交往，却难以与同性沟通，根本原因就是在同性面前体验不到自身的价值，在异性面前却可以尽情发挥。

2. 异性交往

可以说，大学生都有与异性交往的强烈愿望和真实需要，能够轻松自然地同异性交往是一个大学生人际关系能力的重要体现，也是个体心理健康的重要方面。大学生经常苦恼的交往问题多是与异性之间的交往障碍。在人际交往中存在性别效应，尤其突出的是个体格外看重自己在异性心目中的形象，所以，自己的缺点或弱项可以在同性面前暴露，却不能在异性面前暴露，甚至不惜为了保全面子而避免或减少与异性的接触和交流。学生在异性交往中还会有意或者无意地联想到彼此之间可否发展成恋人关系，从而更加增添了心理负担，使正常的异性交往变得各怀心事，别别扭扭。

（四）父母关系

父母关系是孩子最先接触到的人际关系，并且贯穿每个人的一生。父母是孩子交往学习的第一任老师，在与父母的交往中，孩子同时学会了如何同异性交往。家庭成员之间人际互动的心理态度和行为方式对子女产生潜移默化的影响，决定他们对人际关系问题最基本的价值取向，直接影响其与他人交往中的行为反应模式。

根据调查研究，孩子与父母的关系可以划分为三个阶段：

1. 绝对依赖阶段。在这个阶段，父母是孩子心中的绝对榜样，是孩子崇拜的主要对象，孩子会按父母的要求去做每一件事情。

2. 相对独立阶段。孩子对父母的感情由过去的一味依赖顺从，开始变为要求自立平等，要求重新协调与父母的关系。在情感上与父母不如以前亲密了，开始挑剔父母，顶撞父母，力图摆脱对父母的依赖。虽然孩子想摆脱来自父母的束缚，但是对独立行动还缺乏信心，往往在独立与依赖、反抗与自责之间摇摆不定。

3. 开始成熟阶段。这一时期是孩子世界观形成的重要时期，世界观是人们对于自然、社会和人生问题的总的根本性的观点，世界观的形成是青少年心理发展成熟的标志。同样，孩子在此阶段价值观日益明确具体，对事情的取舍有了自己的看法。在持久冲突后，父母往往会逐渐承认孩子的独立地位，但父母的影响仍起作用。

大学生正处于第二阶段向第三阶段过渡的时期，上了大学就像连着线的风筝，虽然远离了自己的父母，但却以各种方式与父母保持着复杂且极具情感色彩的关系，这种关系不同程度地影响着大学生的自我成长。在与父母的关系中，可以感受到许多学生的矛盾心理。一些同学觉得上了大学的自己就像脱了缰的马，父母再也不能管自己了，自己可以自由自在地在社会上驰骋。但是由于经济上还离不开父母，同时，父母是他们重要的社会支持系统，因此，尽管大学生远离家庭，不管在物质上还是心理上仍脱离不开与父母的联系。

（五）网络关系

大学生是网络应用最充分的群体之一，网络为大学生提供了广阔的人际交往平台，相当一部分大学生选择了通过网络来找朋友，也就是寻找自己的“网友”。大学生为何迷恋网上聊天？“为了找个说心里话的人”，一部分大学生这么说。一方面网络交往在某种程度上掩盖了真实的自我；另一方面，网络交往也促使大学生流露了真实的自我。因为空间距离的存在，更因为网络本身的虚拟性，很多人在网络交往中都给自己戴上一副面具，在网上可以自由填写注册虚假信息。因为个人信息是假的，人们在网上便可以畅所欲言，说出自己在现实生活中想说而不敢说的话，在某种程度上流露了真实的自我。因此，如果长时间处于网上虚拟人格与真实人格的冲突之中，也会使大学生对自己的角色认同发生混乱，弄不清楚到底什么时候是真实的自我，什么时候是虚拟的自我，形成双重人格甚至多重人格。

网络毕竟只是虚拟的交流空间，网络交往不能替代现实交往。部分大学生过于关注网络交往，反而忽视了现实生活。例如有的同学遇到问题时“舍近求远”，到网上寻求帮助，在一定程度上导致自我封闭，降低了与周围群体交往的能力。也就是说，尽管网络交往方式方便、快捷、简约，特别是对于那些不善交往的人来说，以这样的方式更容易与他人建立联系，但是这也为他们制造了回避人际接触的理由。

二、大学生常见人际关系问题

（一）自我认知偏差

所谓自我认知，即人们对自己的认识或自我评价。心理健康的大学生能够正确客观地认识自我、评价自我，具有正确良好的自我观念，既不清高自傲又不自轻自贱。他们自尊自信，对前途充满信心，在学习上刻苦努力，积极进取；并善于抓住机遇，敢于竞争。根据调查，大学生在自我认知上一般存在两种偏差：一是自我评价过高，妄自尊大，孤芳自赏；二是自我评价过低，妄自菲薄，忽视自我存在的价值。对自我的这两种不正确的认识都会影响人际交往。前者过分相信自己的聪明才智从而恃才傲物，对不如己者不屑一顾，恶语相向，以己之长量人之短，以己之聪明衬人之笨拙；或者对别人漠然置之，不屑与人交流。后者自我贬低，看不到自我存在的价值，与人交往畏畏缩缩，倍加小心，总是看别人的眼色行事；与人交往，总觉得自己低人一截，矮人三分，缺乏自信心；有些同学在公开场合不敢发言，生怕自己说错话，对一些集体活动躲之不及。这种对自我的贬低也必然影响同学间的正常交往。

（二）不良情绪失控

情绪对人的行为有直接作用，其影响程度有时甚至超过理智。有些同学在产生不良情绪后，既不会恰当地表达，又不能加以适当的调控，而是过分地压抑，长此以往，负性情绪越积越深，困扰加重，到一定时候就像火山爆发，伤人害己。不良情绪的压抑和郁结，不但会给自己带来心身疾患，而且会严重破坏人际关系，给交往带来恶劣的后果。比如，愤怒使人失去理智；悲伤使人失去活力；恐惧使人失去机会；烦躁使人失去冷静。

（三）语言表达不当

在人际交往中，最经常使用、最基本的交往手段是语言，无论是陈述思想和观点，或是表达情感和愿望，都离不开语言。语言是心灵的窗口，是大学生相互交往、表达情感的工具。人际交往中的用语之道，首先在于出言吐语能使对方体验到尊重与平等，否则“话不投机半句多”，交往兴趣立即就会消失殆尽。其次，语言表达要讲究艺术。有的同学说话加枪带棒，敲敲打打；或者出语尖酸刻薄，言外有意；或者冷言冷语，冷嘲热讽；或者开口闭口“你不懂”；等等。这样的表达方式常会引起别人的反感，有时还会带来口角、争执，甚至导致不良后果。心理健康的大学生应该使用礼貌、和善、溢美的语言，它可以满足人们被尊重、被肯定的需要，化解同学之间的误解及矛盾，创造和谐、舒畅的人际环境。

（四）不良的个性特征

个性，心理学中又称为人格，是指在一个人身上经常地、稳定地表现出来的不同于他人的心理特点的总和，也是一个人的基本精神面貌，包括一个人的兴趣、爱好、思想、信念、世界观、性格、气质、能力等。交往中，一个热情、诚实、高尚、正直、友好的人，大家易于接受他而与之交往；相反，一个冷酷、虚伪、自私、口是心非、爱搬弄是非的人，大家就会回避他、疏远他。

不良的个性特征主要有：为人虚伪，与之交往，容易使人失去安全感；自私自利，只关注自己的需要，不关心别人的需要，甚至损人利己；不尊重别人，常常挫伤别人的自尊心；报复心强；嫉妒心强；猜疑心重，过于敏感；过于自卑或自负；孤独固执；苛求别人，总希望控制别人。

贴示：自卑者的人际关系

自卑者的自卑感是对自己不满、否定的情感，往往是自尊心屡屡受挫的结果。这类人自我认识不客观，往往只看到自身缺点而忽略了长处，不喜欢自己，不能容忍自己的缺点和弱点，否定、抱怨、指责自己，看不到自己的价值，感到自己处处低人一等，从而在人际关系中将自己孤立起来，其实这是自卑者一种伤害性的自我保护，因为他们害怕在和别人的亲密关系中将自己不能面对的内心暴露出来。他们不能深切、投入地去关爱别人，实际上是因为他们根本不爱自己。

自卑者往往具有下列核心信念。

1. 我很糟糕：如果让别人接近我，他们将伤害我，利用我。我必须不让人看到真实的自我。

2. 我不够好：除非我一直做得很好，否则我将不能从生活中得到任何东西。如果有人批评我，就意味着我失败了。

3. 我长得不好：我的价值取决于我的长相和体形。

4. 我是不受欢迎的：我必须保持高度的自我控制（回避行为）。

5. 我是毫无价值的：只有反抗才能生存。无论我做了什么，没人会接受我（敌对情绪）。

第三节 大学生和谐人际关系的建立

一、化解人际冲突

人人都有需要，有需要就有满足与不满足，于是必然产生冲突。交往双方的冲突一旦表面化，自然各自寻找解决冲突的方法，或是一味地坚持要求满足自己的需要；或者完全地合作，即愿意放弃自己的需要而满足对方的需要。

人们通常在坚持性和合作性两个维度上考虑作出选择。一般来说，会产生五种处理方式。

1. 竞争：只追求自己的目标从而获得利益，而不顾给对方造成的影响，则非输即赢。

2. 退避：看到冲突漠不关心，逃避争执和对抗行为，则只能输。

3. 顺应：把对方利益置于自己的利益之上，自我牺牲以满足对方需要。

4. 统合：双方都希望满足对方的需要，合作而寻求对双方都有利的解决方式。澄清异同，求同存异，不是简单的顺应。

5. 妥协：双方都必须放弃部分利益，以便在一定程度上满足部分需要，达成妥协。双方都付出代价，双方都有所得。

在多数情况下，双方合作永远比双方对抗好。有些大学生遇到冲突后，或大动干戈，非要争出个是非曲直不可；或消极回避，不理不睬。其实，一方面，很多事情是没有确定答案的，换一个角度看事情，也许就改换了原来的面貌；另一方面，与人合作达到双赢，才是更加成熟的处理方式。

二、明确人际关系的原则

大学生要改善人际关系，就必须明确人际关系的原则。从心理上讲，每个人都是天生的自我中心者，都希望别人能承认自己的价值、支持自己、接纳自己、喜欢自己。因此，在社会交往中，就更重视自我表现，有意识地吸引别人的注意，希望别人能接纳自己、喜欢自己。研究表明，人际关系的基础是人与人之间的相互重视、相互支持。对于真心接纳我们、喜欢我们的人，我们也更愿意同他们交往并建立和维持关系。了解这些原则有利于大学生更好地进行人际交往。

（一）尊重

在大学生人际交往中，尊重是一种信息，能够引发人的信任、坦诚等许多积极情感，缩短相互间的心理距离。

1．对朋友平等相待

朋友间不应以家庭条件、父母职位、个人容貌、实际能力为标准分等级、分类别对待，应采取一视同仁、平等对待的原则，建立广泛而诚实的朋友交往关系。

2．尊重朋友的人格

不随意暴露朋友的“隐私”，不随意取笑朋友的短处和生理缺陷，不传播有损于朋友名誉的流言蜚语，不干涉朋友的私事；尊重朋友们的兴趣、爱好，不轻易否定朋友的意见，不强行改变朋友的观点，不把个人的观点和意见强加给朋友。

3．尊重朋友的劳动

对朋友的关照、帮助和支持应表示谢意，对朋友付出的劳动予以接受和尊重，承认朋友的劳动价值，珍惜他人的时间和精力，并能给予适当的回报。

（二）真诚

研究安得森（N. Anderson）的个性品质受喜爱程度的序列可以发现，排在最前面、受喜爱程度最高的六个个性品质，分别是真诚、诚实、理解、忠诚、真实、可信，都或多或少同真诚有关。

真诚的行为表现之一就是学会赞赏他人。赞赏是人们普遍需要的一种心理服务，赢得对方好感的一个最简单的方式就是对其表示赞赏。美国哲学家杜威认为：“人类天性中最深刻的冲动就是‘被认可为重要的欲望’。”美国人际关系学家卡耐基总结了要使别人喜欢你的原则之一就是“使别人感觉重要——并真诚地这样做”。他认为，要使别人喜欢自己，就必须说一些好话，不是关于自己的，而是关于对方的。他说：“人类行为有一种绝对重要的定律就是永远使对方感觉重要，一种打动人心弦的切实办法就是巧妙地使对方明白，你承认他的重要，并且真诚地赞赏他。”

1. 为人诚实

诚实是做人的基本品质，是人们建立相互信赖和友好交往的基石。每个大学生都喜欢同诚实守信的人打交道。大学生在与同学和朋友的交往中，要以诚相待，说实话、办实事、做老实人；不虚情假意，不口是心非，不耍小聪明，建立互相信赖的人际关系。

2. 言必信，行必果

与朋友交往应言行一致、表里如一、信守诺言。对任何朋友都要做到言必信。对于朋友的要求，能做到的就答应；对于做不到的，则不可信口开河，开“空头支票”。凡是能尽力帮助解决的，应全力以赴，否则将失去自己的信誉。做事应善始善终，与朋友交往也要做到行必果，说到做到，不打折扣。

（三）宽容

我们的社会是一个多元化的社会，人们之间的关系越来越复杂。社会的复杂性导致大学生个性的丰富性，又必然引起大学生个体之间冲突的加剧。要与周围的人保持良好的人际关系，就必须学会求同存异，具备宽容豁达的心理品质；必须多为别人着想，做到以诚相待。

宽容，即心理相容，也就是与人相处的容纳、包含以及忍让，使得人与人之间的关系融洽。宽容实际上是一种境界，更是一种修炼。我们在追求自己个性独立的时候，应当允许其他个性、行为与生存方式的存在。当我们张开双臂时，我们才会宽容豁达，学会体察对方的心理，做到以诚相待。

宽容他人是一种美德，也是良好心理素质的表现。

1. 不以自己做人的标准要求朋友

允许在朋友中存在差异，不企图改变他人，不按自己的标准去衡量和评价他人，承认差别，求大同存小异，与朋友和睦相处。

2. 不吹毛求疵

金无足赤，人无完人。每个人都有自己的缺点和不足。在交往中要多看到别人的长处，多发现朋友的优点，不强行改变别人业已形成的观念，做到尊重他人的权益。

（四）善于倾听

一个真正能展示自己个人魅力与气质的人应该是一个好的倾听者。倾听越多，就会变得越聪明，被更多的人喜爱，成为更好的交往伙伴。有的人在听别人说话时或心不在焉，或哈欠连天，或时时看表，或不停打断别人的谈话。这样的人不会是一个好的倾听者，他只能使交往的人感到索然无味，最终不欢而散。所以，我们应该时时提醒自己，我们有两只耳朵，一张嘴，可以少说一些，但必须学会倾听。

倾听绝不是简单地听听而已。要想成为一名好的听众并非一件容易的事。那么如何巧妙地倾听呢？

1. 全神贯注。注视说话人，靠近说话者，专心致志地听，不要打断说话者的话题。接着问一些问题，如“我听到你说……对不对?”这是个很不错的问题，可以帮助你进行自我检查，看看自己听的内容是否准确无误。使用开放式的问句：“你对……有什么想法”、“你为什么觉得……”、“你怎么会……”、“你觉得……”。

2. 对沟通的内容保持开放的态度。我们对交流的内容要以讨论的态度来对待，而不能对自己不赞同的妄加指责。有的时候可以适当地表示质疑，并且陈述自己的观点，但是绝不能对别人的情感因素持否定态度。如果在别人表达自己的情感时，你却流露出不赞同的神情，这场对话就可能立即终止。

三、良好的沟通

沟通是最近比较流行的一个名词，从字面上来看，既然称之为“沟”，而且是不小的沟，则凹下去的部分，要能够“通”起来，最起码也得架块木板才行。

如果你问别人沟通是什么，那么回答可能是：就是讲话嘛！彼此交换意见，互相了解，沟通就是这么通俗，我们每天都在沟通，这有什么好讨论的呢？但大多数人正因为认为理所当然而忽略它的存在。为什么我们常常弄不清别人在说些什么？为什么别人对你有这种反应？你对别人的影响是什么？我们说话时是否带着期待？我们是怎么觉察自己的？这些都是与沟通有关的因素。

沟通的要素有以下几方面：

1. 我们的身体——它的移动及其形态。

2. 我们的价值观——这些观念代表我们试着去生存和追求幸福生活的方式。

3. 我们的期待——这是从过去的经验搜集而来的。

4. 我们的感官——包括眼睛、耳朵、鼻子、嘴和皮肤，使我们能够去看、听、闻、尝、触摸及被碰触。

5. 我们说话的能力——包括所使用的语句和声调。

6. 我们的头脑——也就是我们知识的宝库，包括由过去经验所学习到的、阅读过的及所接受的教导。

四、改善人际关系的训练活动

改善人际关系的训练活动试图改变人们的自我意识水平或社交技能，并通过这种途径使人际关系状况得到改善。每个活动都包括创造情景、协作学习的过程，将我们引入一个与主题内容相关的情景中，通过扮演不同的角色，从中获得感受和认识，在此基础上进行角色交换、协商、辩论、分享，加深对活动的理解，澄清非理性的想法，产生认识上的飞跃，也就是通过一系列活动将认知的、行为的、情感的心理过程和谐地统一起来。

（一）敏感性训练

敏感性训练是一种从团体心理疗法中发展起来的团体训练技术。

敏感性训练团体有多种形式，开展最普遍的训练团体称为 T-小组。它的活动方式主要是语言交流。这类团体通常由 5—15 人组成，包括 1 名团体心理辅导人员。训练期限可以是 1—4 周。

训练团体主要以非指导性的方式为参与者提供真实体验“此时此地”的情境。在活动开始时，团体成员之间往往先谈论参加这种活动的意图，以及想解决的和感兴趣的问题。随着沟通的深入，人们会逐渐了解别人对自己的问题和当时的表现有何反应。当团体成员之间的信任感和真诚的气氛建立起来后，团体作为一个整体，不允许任何成员拒绝暴露真正的自我。设计的活动可以有“盲行”、“同舟共济”等。大学生朋友不妨找个训练团体试一试。

（二）角色扮演法

角色扮演是一种直接摆脱既定角色关系束缚的个体训练技术，扮演者通过角色改变的方法，充当或扮演某种角色，站在一个新的立场去体验、了解和领会别人的内心世界，理解自己反应的适当性，由此来提高自我意识水平和移情能力，并改变过去的行为方式，使之更适合自己的社会角色，从而获得新的社交技能。

倾听练习

1. 目的：学习倾听。倾听是一种关爱，你送我一片目光，没有言语，可是我却在你静静地聆听中感受着你的关切。如果你学会了聆听，相信你将拥有更多的朋友。他们会喜欢你的平和，喜欢你的静静聆听而将你视为知己。

2. 操作：4 人一组，分别扮演 4 个不同的角色。

角色 A：一贯学习成绩不错，周围的人都认为其考上重点大学没有问题。结果重点大学落榜，因而情绪沮丧。落榜后，找到自己的老师和朋友倾诉（可根据自己的经历或假设人物的经历谈落榜的感受）。

角色 B：A 的现任老师（听了 A 的诉说给予回应）。

角色 C：A 的好朋友（听了 A 的诉说给予回应）。

角色 D：观察员，观察 B、C 是怎样倾听并回应 A 的（言语和非言语）。讲出自己的发现。可以请 A 谈一谈在与老师、朋友交谈中的感受。组织 4 人讨论。

（三）表达训练法

赞美能发掘人的能量。现实中，人们常常很吝啬赞美的语言。殊不知，在人际交往中创造奇迹的正是赞美。当受到别人真诚的赞美或感谢时，情绪也会因此振奋飞扬。

在团体心理辅导中，有一个“轮流坐红椅”活动。当大家相互有了初步的了解后，请每个组员轮流坐在小组的中间，其他组员用实事求是的话语赞美他（她）。每个从红椅上走下来的人都非常兴奋。有的人讲：“在短短的时间里听到那么多的赞扬和肯定，令我脸发热，心跳加速。”有的人说：“今天听到的比前20年听到的赞美语言都丰富。我会有那么多值得赞美的地方，真令我兴奋。”

这小小的奇迹也许真的可以使大家的自信心提高，你不妨试试。不过，要记住赞美的两个原则：第一，发自内心；第二，多赞美对方的行为或性格。

提供赞美

1. 目的：学习观察和发现别人的优点，并且直接表达对他人的欣赏，增强人际之间的良性互动；同时，学习接纳他人的欣赏，体验被表扬的愉悦感，增强自信心。

2. 操作：5—10人一组围圈坐。请一位成员坐或站在团体中央，其他人轮流说出他的优点及对他的欣赏之处（如性格、相貌、处事等）。被称赞的成员说出哪些优点是自己以前觉察的，哪些是不知道的。每个成员轮流接受他人的赞美。

3. 规则：必须说优点，态度要真诚，努力去发现他人的长处，不能毫无根据地吹捧，这样反而会伤害别人。参加者要注意体验被人称赞时的感受如何，体会怎样用心去发现他人的长处，怎样做一个乐于欣赏他人的人。练习结束时，大家心情愉快，相互接纳性提高，自信心增强。

（四）利他行为实践法

利他行为是指人际交往过程中无私助人而不指望得到任何外在奖励的行为。有研究者指出：利他行为与心理健康存在相关。高利他行为的人，心理健康水平也高，反之亦然；低利他行为的人在人际关系、焦虑、抑郁等项目上与高利他行为的人存在显著性差异。这是因为，利他倾向强的人有较强的社会责任感和维护社会正义的信念，形成了道德义务感和责任感等。这样，个人利他行为的发生就不是由于社会的要求，而是因为自己感到“这样做是对的”，不遵守这些社会规范不仅仅会受到社会的惩罚，更主要的是违背了个人的信念而受到良心的谴责。利他行为会使人心态轻松愉快。在学习生活之余，尝试着多为同宿舍同学做一些力所能及的事情，如为大家打开水、做卫生、做一些别人不太愿意做的事情，不必在意别人对你的评价，并尝试从积极方面记下自己的体会。

（五）知晓人际交往的心理学效应

在人际交往的过程中，常常会发生这样的情况：开始时很喜欢对方，觉得交到这样的朋友是自己的幸运。慢慢地，这种热情会减弱，甚至逆转，认为实际上他并不那样完美。是这个人变了吗？在人际交往中存在许多心理效应，认识这些效应有助于我们理解一些心理现象，对人际交往的改善也会起到积极的作用。

1. 首因效应

谁不愿意给别人留下美好的印象呢？首因，即第一印象，它是在最短时间内制造的最大效应。在人际交往中，人们往往注意一开始接触到的细节，如对方的表情、身材、容貌等，而对后来接触到的细节不太注意。这种由先前的信息而形成的最初的印象及其对后来信息的影响，就是首因效应，即我们常说的“先入为主”。

首因效应是大学生交往活动中一种比较常见的现象。初入大学时，第一次远离亲人，举目无亲，大学校园里第一张迎接你的笑脸，会使你以后在众多的面孔中一下子认出那最“亲切、善良”的人；迈入陌生的学生宿舍，向你发出第一声亲切问候的人，大多会成为你一段时间或更长时间里的好友。客观地说，首因效应在交往活动中有一定的作用。但是，第一印象赖以产生的信息是有限的，第一印象不一定是真实可靠的。由于认知具有综合性，随着时间的变化、认识的深入，人完全可以把这些不完全的信息贯穿起来，用思维填补空缺，形成一定程度的整体印象。正所谓“路遥知马力，日久见人心”。

2. 近因效应

近因，即最后的印象。近因效应，指的是最后的印象对人们认知产生的影响。最后留下的印象，往往是最深刻的印象，这也就是心理学上所阐释的后摄作用。在生活中常常遇到这样的事情：一个很不起眼的人，突然在某一方面一鸣惊人，很多人马上对他刮目相看，这就是近因效应。

首因效应与近因效应不是对立的，而是一个问题的两个方面。在大学生的人际交往中，第一印象固然重要，最后的印象也是不可忽视的。一般而论，在对陌生人的认知中，首因效应比较明显；而在对熟识的人的认知中，近因效应比较明显。这就告诉我们，在与他人交往时，既要注意平时给对方留下的印象，也要注意给对方留下的第一印象和最后印象。

3. 投射效应

投射效应是指在人际交往中，认知者形成对别人的印象时总是假设他人与自己有相同的倾向，即把自己的特性投射到其他人身上。所谓“以小人之心，度君子之腹”，反映的就是投射效应的一个侧面。一般来说，投射可分为两种类型：一种是指个人没有意识到自己具有某些特征，而把这些特征加到了他人身上。例如，一个对他人有敌意的同学，总感觉到对方对自己怀有仇恨，似乎对方的一举一动都有挑衅的色彩。另一种是指个人意识到自己的某些不称心的特征，而把这些特性加到他人身上。例如，在考场上，想作弊的同学总感觉到别的同学也在作弊，倘若自己不作弊就吃亏了。值得注意的是，后一种投射往往会把自己某些不称心的特性投射到自己尊敬的、崇拜的人身上，目的是通过这种投射重新估价自己的不良特性，以求得心理上的暂时平衡。长期使用这种投射，会影响个体的心理健康水平。

五、人际交往测试

（一）大学生交往的个性测试

个性，又称人格，是包括个性倾向性和个性心理特征在内的个人整体心理面貌。完善的人格是大学生必备的素质。人格因素是人际交往中的重要因素。一个人如果在能力、气质、性格、涵养、品质等方面比较突出，往往能形成很强的吸引力。在大学生群体中，有助于人际交往的人格特征是：尊重关心他人，善于理解他人，乐于助人，富有同情心；热爱集体活动，工作认真负责，有特长，能力强；稳重、耐心、宽容、真诚、热情、开朗等。

根据黄希庭等人的研究，大学生的人际关系类型可分为人缘型、首领型、嫌弃型和孤独型。其中人缘型的个性特征按次序排列为：1. 尊重他人，关心他人，对人一视同仁，富有同情心；2. 热心班级集体活动，对工作非常负责；3. 持重耐心，忠厚老实；4. 热情开朗，喜爱交往，待人真诚；5. 聪颖，爱独立思考，成绩优良，乐于助人；6. 重视自己的独立性和自主性，并且有谦逊的品德；7. 有多方面的兴趣和爱好；8. 有审美眼光和幽默感；9. 温文尔雅，端庄大方。

下面的测试可以帮你了解自己是否有好人缘。

请你仔细阅读下列 16 个问题。每个问题后面各有 a、b、c 三种答案，请你按照自己的真实情况任选其一。

1. 在人际关系中，我的信条是
   a. 大多数人是友善的，可与之为友的。
   b. 人群中有一半是狡诈的，一半是善良的，我将选择善良者而交友。
   c. 大多数人是狡诈虚伪的，不可与之为友的。
2. 最近我交了一批朋友，这是因为
   a. 我需要他们。
   b. 他们喜欢我。
   c. 我发现他们很有意思，令人感兴趣。
3. 外出旅行时，我总是
   a. 很容易交上新朋友。

b. 喜欢一个人独处。

c. 想交朋友，但又感到困难。

4. 我已经约定要去看望一位朋友，但因为太累而失约了，在这种情况下我会感到

a. 这是无所谓的，对方肯定会谅解我。

b. 有些不安，但又总是在自我安慰。

c. 很想了解对方是否有对我不满意的情绪。

5. 我与朋友结交的时间

a. 有数年之久。

b. 不一定，合得来的朋友能长久相处。

c. 不长，经常更换。

6. 一位朋友告诉我一件极有趣的个人私事，我是

a. 尽量为其保密，不对任何人讲。

b. 根本没有考虑过要继续扩大宣传此事。

c. 当朋友刚一离开，随即与他人议论此事。

7. 当我遇到困难时，我

a. 通常是靠朋友解决的。

b. 要找自己可信赖的朋友商量着办。

c. 不到万不得已时，决不求人。

8. 当朋友遇到困难时，我觉得

a. 他们大多喜欢来找我帮忙。

b. 只有那些与我关系密切的朋友才来找我商量。

c. 他们一般都不愿意来麻烦我。

9. 我交朋友的一般途径是

a. 经过熟人介绍。

b. 在各种社交场所。

c. 必须经过相当长的时间，并且还相当困难。

10. 我认为选择朋友最重要的品质是

a. 具有能吸引我的才华。

b. 可以信赖。

c. 对方对我感兴趣。

11. 我给人们的印象是

a. 经常会引人发笑。

b. 经常在启发人们思考问题。

c. 和我相处时别人会感到舒服。

12. 在晚会上，如果有人提议让我表演或唱歌时，我会
   a. 婉言谢绝。
   b. 欣然接受。
   c. 直截了当地拒绝。
13. 对于朋友的优缺点，我喜欢
   a. 诚心诚意地当面赞扬他的优点。
   b. 诚实地对他提出批评意见。
   c. 既不奉承，也不批评。
14. 我所结交的朋友
   a. 只是那些与我的利益密切相关的人。
   b. 通常能和任何人相处。
   c. 有时愿意和与自己志趣相投的人和睦相处。
15. 如果朋友们和我开玩笑，我总是
   a. 和大家一起笑。
   b. 很生气并有所表示。
   c. 有时高兴，有时生气，以自己当时的情绪和情况而定。
16. 当别人依赖我的时候，我是这样想的

   a. 我不在乎，但我自己却喜欢独立于朋友之中。
   b. 这很好，我喜欢别人依赖于我。
   c. 要小心点！我总是对一些事物持冷静、清醒的态度。

各题的计分如下：

1. a. 3；b. 2；c. 1
2. a. 1；b. 2；c. 3
3. a. 3；b. 2；c. 1
4. a. 1；b. 3；c. 2
5. a. 3；b. 2；c. 1
6. a. 2；b. 3；c. 1
7. a. 1；b. 2；c. 3
8. a. 3；b. 2；c. 1
9. a. 2；b. 3；c. 1
10. a. 3；b. 2；c. 1
11. a. 2；b. 1；c. 3
12. a. 2；b. 3；c. 1
13. a. 3；b. 1；c. 2
14. a. 1；b. 3；c. 2
15. a. 3；b. 1；c. 2
16. a. 2；b. 3；c. 1

最后得分情况代表你的乐群性及人缘好坏，总分越高，则更加乐群，人缘更好。

（二）大学生交往的能力测试

能力是指人们成功完成某种活动所必须具备的个性心理特征。能力和活动紧密联系着。一方面，人的能力是在活动中形成、发展和表现出来的；另一方面，

从事某种活动又必须以一定的能力为前提。社交能力是指人们在社会交往中所表现出来的能力。组织管理能力、言语感染能力等都被认为是社交能力。下面的两个测试，一个是想看看你是否擅长交谈，一个是想看看你与人相处的能力。

你善于与人交谈吗？

你想知道自己与人交谈的能力吗？不妨测试一下。请选择三种答案中最符合你实际情况的选项。

1．你是否时常觉得“跟他多讲几句也无意思”？

a．强烈肯定　　b．有时　　c．绝对否定

2．你是否觉得那些太过于表现自己感受的人是肤浅的和不诚恳的？

a．强烈肯定　　b．有时　　c．绝对否定

3．你与一大群人或朋友在一起时，是否时常觉得孤寂或失落？

a．强烈肯定　　b．有时　　c．绝对否定

4．你是否觉得需要有时间一个人静静地整理一下思路？

a．强烈肯定　　b．有时　　c．绝对否定

5．你是否只对一些经过千挑万选的朋友才吐露自己的心事？

a．强烈肯定　　b．有时　　c．绝对否定

6．在与一群人交谈时，你是否时常发觉自己在东想西想一些与交谈话题无关的事情？

a．强烈肯定　　b．有时　　c．绝对否定

7．你是否时常避免表达自己的感受，因为你认为别人不会理解？

a．强烈肯定　　b．有时　　c．绝对否定

8．当有人与你交谈或对你讲解一些事情时，你是否时常觉得很难聚精会神地听下去？

a．强烈肯定　　b．有时　　c．绝对否定

9．当一些你不太熟悉的人对你倾诉其生平遭遇以求同情时，你是否觉得不自在？

a．强烈肯定　　b．有时　　c．绝对否定

计分标准与结果解释：

每道题选 a 得 3 分，选 b 得 2 分，选 c 得 1 分。

如果你得到 22—27 分，表示你只有在极需要的情况下才同别人交谈。即使对方与你志同道合，你仍不会通过交谈来发展友情。除非对方愿意主动频频跟你接触，否则你便总处于孤独的个人世界里。

如果你得到 15—21 分，你大概比较热衷跟别人做朋友。如果你与对方不太

熟识，你开始会很内向，不大愿意跟对方交谈。但时间久了，你便乐意常常搭话，彼此谈得来。如果你的得分接近21分，则表示接近孤僻的性格。

如果你得到9—14分，表示你与别人交谈不成问题。你非常懂得交际，容易营造一种热烈气氛，鼓励人家多开口，别人大都同你谈得拢，彼此十分投机。

你与人相处的能力怎样？

下面的20道题目能帮助你检验自己与人相处的能力如何。每一道题目，请根据你的实际情况选择“是”或“否”作答，然后计分评判。

1. 你是否常常在别人没有提出要求的情况下，主动表达你的观点？
2. 你是否认为在你的好朋友中，你比他们中至少三人更有本事？
3. 你是否认为独自一人吃饭是一种享受？
4. 你对报刊上的侦探故事、破案消息报道是否很有兴趣？
5. 你对测验题是否有兴趣？
6. 你是否喜欢向别人谈论自己的抱负、失望和困难？
7. 你是否经常向别人借东西？
8. 和朋友一起出外娱乐、吃饭时，你是否希望各付各的钱？
9. 当你讲述一件事情时，是否把每个细节都讲出来？
10. 当你招待朋友需要花少量钱时，你是否喜欢这种招待？
11. 你是否为自己的绝对坦率直言而自豪？
12. 当你和别人约会时，你是否常常让对方等候你？
13. 你是否从内心喜爱孩子（不包括自己的孩子）？
14. 你是否开庸俗的玩笑？
15. 你对人是否常常怀有恶意？
16. 你讲话时是否常常使用“非常好”、“特别好”或“坏极了”一类字眼？
17. 购物、乘车时，如果售货员和售票员态度不好，你是否非常生气？
18. 对那些不像你一样对音乐、书籍或体育活动充满热情的人，你是否认为他们愚蠢无聊？
19. 你是否常常许诺但不兑现？
20. 当你处在不利情况下，你是否会变得灰心失望？

计分标准与结果解释：

这20道题的答案如下：1. 否；2. 否；3. 否；4. 是；5. 是；6. 是；7. 否；8. 否；9. 否；10. 是；11. 否；12. 否；13. 是；14. 否；15. 否；16. 是；17. 否；18. 否；19. 否；20. 否。每答对一题得1分。

得分在16—20分表示与人相处的能力相当好；12—15分为很好；8—11分

为不太好；7 分以下为不好。

（三）大学生人际关系行为困扰的诊断量表

这是一份大学生人际关系行为困扰的诊断量表，一共有 28 个问题，请你根据自己的实际情况，逐一对每个问题作“是”或“否”的回答。为了保证测验的准确性，请你认真作答。

1. 关于自己的烦恼有口难开。
2. 和生人见面感觉不自然。
3. 过分地羡慕和忌妒别人。
4. 与异性交往太少。
5. 对连续不断的会谈感到困难。
6. 在社交场合常感到紧张。
7. 时常伤害别人。
8. 与异性来往感觉不自然。
9. 与一大群朋友在一起，常感到孤寂或失落。
10. 极易受窘。
11. 与别人不能和睦相处。
12. 不知道与异性交往如何适可而止。
13. 当不熟悉的人对自己倾诉其生平遭遇以求同情时，自己常感到不自在。
14. 担心别人对自己有什么坏印象。
15. 总是尽力使别人赏识自己。
16. 暗自思慕异性。
17. 时常避免表达自己的感受。
18. 对自己的仪表（容貌）缺乏信心。
19. 讨厌某人或被某人所讨厌。
20. 瞧不起异性。
21. 不能专注地倾听。
22. 自己的烦恼无人可倾诉。
23. 受别人排斥，感到冷漠。
24. 被异性瞧不起。
25. 不能广泛地听取各种意见和看法。
26. 自己常因受伤害而暗自伤心。
27. 常被别人谈论、愚弄。
28. 与异性交往时不知如何更好地相处。

计分标准与结果解释：

选择“是”的记 1 分，选择“否”的记 0 分。

如果你的总分在0—8分之间，那么说明你在与朋友相处上的困扰较少。你善于交谈，性格比较开朗，主动，关心别人。你对周围的朋友都比较好，愿意和他们在一起，他们也都喜欢你，你们相处得不错。而且，你能从与朋友的相处中得到许多乐趣。你的生活是比较充实而且丰富多彩的，你与异性朋友也相处得很好。一句话，你不存在或较少存在交友方面的困扰，你善于与朋友相处，人缘很好，能获得许多人的好感与赞同。

如果你的总分在9—14分之间，那么，你与朋友相处存在一定程度的困扰。你的人缘一般，换句话说，你和朋友的关系并不牢固，时好时坏，经常处在一种起伏之中。

如果你的总分在15—28分之间，表明你同朋友相处的行为困扰比较严重，分数超过20分，则表明你的人际关系行为困扰程度很严重，而且在心理上出现较为明显的障碍。你可能不善于交谈，也可能是一个性格孤僻的人，不开朗，或者有明显的自高自大、讨人嫌的行为。

注：本测验的结果仅供参考。

【建议参考资料】

1. 郑日昌，陈永胜. 学校心理咨询［M］. 北京：人民教育出版社，2010.

2. 陶国富，王祥兴. 大学生交往心理［M］. 上海：华东理工大学出版社，2003.

3. 维琴尼亚·萨提亚. 新家庭如何塑造人［M］. 吴就君，译. 台北：张老师文化事业股份公司，2004.

【问题与思考】

1. 如何发展与建立人际关系？
2. 大学生主要面临哪些人际关系？
3. 如何进行良好的沟通？
4. 有哪些改善人际关系的训练活动？

第五章　大学生学习适应及其发展辅导

【本章提要】

本章主要介绍大学生学习适应的各种问题、大学生的学习特点、大学生学习适应辅导等。其中还包括有关的学习理论、大学生学习动机和学习方法的培养、排解学习困扰的方法等。

【学习重点】

1. 大学生的学习特点
2. 相关的学习理论
3. 大学生常见的学习问题
4. 大学生学习适应的辅导
5. 大学生学习困扰的排解方法

【重要术语】

学习适应　学习动机　学习困扰

第一节　大学生学习适应问题面面观

每个大学生都是怀着梦想走进大学的，然而进入到大学以后，突然发现自己置身于一个难以应付的学习环境之中——原本自己在中学阶段引以为傲的成绩优势不存在了，曾经的雄心壮志磨灭了，驾轻就熟的学习方法失效了……那么，大学生在学习上面临的主要问题有哪些呢？

一、学习成绩问题

常言道，“分，分，学生的命根！”不论是对于中学生还是大学生，学习成绩都是非常重要的。但是，进入到大学以后，“学习成绩”这几个字的内涵变得丰富了，也变得复杂了。有很多大学生发现自己在大学学习的努力程度和高中没有质的差别，但是拿到手的成绩单却让自己非常失望，很多人因此感到焦虑、自卑甚至对自己的学习能力失去了信心。

当然，很多大学生的学习目的并不单单是为了取得好成绩，而是多种多样的。武汉理工大学对400名大学生的学习情况进行了调查，在学习动机和学习目标方面，为报答父母养育之恩的为25%，不甘落人后的为21%，为了学习更多知识和适应就业需要的为42%，希望取得好成绩的为7%，为了获得一定荣耀感的为5%。可以看出大学生的学习动机是多种多样的。在日常咨询中，经常会有来自农村的大学生，他们是家里唯一上大学的人，很多都是所在村镇为数不多的几个大学生之一，父母节衣缩食来供他们上大学，他们能给予父母的回报就是优异的学习成绩。但是他们在努力学习之后发现自己的学习成绩不尽如人意，而且当看到那些平时不怎么学习的同学成绩却比自己要好时，内心的失落感是不言而喻的。在咨询中也遇到过很多这样的同学，希望自己能取得良好的学习成绩为将来就业增添砝码，而考试之后却发现现实情况真的是不容乐观。诸如此类的情况还有很多——他们为了父母、为了工作、为了考研打基础、为了证明自己的实力而努力学习，然而学习成绩却让他们失望了。他们感到奖学金、考研、好工作似乎都变得遥不可及，从而更加自责、焦虑、自卑，甚至是消极的自我否定。

面对不理想的学习成绩，很多同学都扪心自问“我真的那么差劲吗”。那么，我们每个人应该怎样面对自己的学习成绩呢？或者说，我们应该确定怎样的学习目标呢？

二、学习动力问题

大学生学习动力不足，通常都是由以下原因引起的。

（一）上大学前后的“动机落差”

在高中阶段，学生学习目标非常明确——考上大学。一旦目标实现，进了大学，原有的目标完成了，读研或就业都还远，自己也需要放松一下高考时紧张的神经，希望在大学里好好享乐一番，因此就容易产生松懈心理，不能及时树立进一步的学习目标，进而造成了考上大学前后的“动机落差”。

（二）自我控制能力较差，易受别人影响

很多大学生自我控制能力较差，容易受别人的影响，也会有意无意地模仿高年级或其他学生的做法，多忙于考证、课余兴趣爱好、恋爱、兼职、社团活动等，没有把主要精力放在学习上。还有的大学生经受不住暂时失败的考验，因为一次考试成绩落后就一蹶不振。有的受到社会不良风气的影响，滋生厌学情绪，导致学习动力不足。

（三）对所学专业不感兴趣

很多大学生缺乏学习动力是因为对自己所学的专业不感兴趣。据调查表明，大学生在选择专业时除了根据自己兴趣（47.7%）报考外，考虑的因素还包括是否热门（10.9%）、就业前景（23.3%）、录取难易（10.3%）等。因此当这些大学生进入到大学后发现自己所学的专业与自己想象中的就业前景和兴趣完全对不上时，便感到前途暗淡，心灰意冷，消极懈怠，没有长远打算，对“为什么上

大学”等根本问题没有进行过细致认真的思考，疏于思考自己的前途，出现学习动力的“真空带”。

三、学习盲从问题

对很多大学生来说，都想毕业后找到一份称心如意的工作，但看到日益壮大的就业大军时难免心存恐惧，眼看周围的同学都纷纷在为自己“充电”，于是也毫不犹豫地加入到考证大军中。眼下热门的考证科目，已经不仅仅是大学英语四、六级和计算机国家二级、省二级证书，很多人都喜欢考职业资格证书，比如注册会计师证、律师资格证、证券期货从业人员资格认证等。毕业后准备从事IT行业的，还需要考取微软的各种认证。此外，还有秘书、程序员、计算机操作员资格证，甚至包括驾驶证等。这些培训机构宣称的“杀手锏”、“就业决胜的关键”对学生有很大的吸引力。为了考证，一些学生耽误了正常的课程学习，甚至荒废了专业课，他们没有认识到考证课程只是学校学习知识的延伸，证书并不等于实际能力的培养和提高；也没有认识到考证要从工作需要出发，需要从自己的兴趣和意愿出发。虽然考证在一定程度上拓展了大学生自身的能力、开阔了视野，但是有些同学因为考证而荒废了学业，这是非常不明智的。

在大学里还存在类似于“考证”的其他现象，例如参加过多的学生社团、担任过多的社会工作、在自己的兴趣爱好上花费过多的时间等。不可否认这些活动都有利于大学生提高自己的能力，但是如果以荒废自己的学业为代价，就是得不偿失之举。

四、学习方法问题

学习方法问题是很多大学生不能适应大学生活的症结所在。进入大学后，不少学生有这样的感觉——大学的教学进度快，容量大，难度高，课堂教学往往是提纲挈领式的，教师在课堂上只讲难点、疑点、重点或者是教师最有心得的一部分，其余内容就要由学生自己去阅读、理解和掌握，大部分时间是留给学生自学的。这就要求学生变被动听讲为主动研究，变机械练习为积极思考、探索规律。很多同学不知道怎么利用学校的图书馆，不知道每周两三个没课的半天该干什么，不知道怎样适应大学的教学规律、掌握大学的学习特点、选择适合自己的学习方法，仍然采用中学应试教育中十分灵验的题海战术，结果投入大而效率低，甚至出现不及格的情况，产生很大的精神压力。因此，大学的学习要求大学生不能像中学那样完全依赖教师的计划和安排，不能只单纯地接受课堂上的教学内容，必须充分发挥主观能动性，发挥自己在学习中的潜力，学会自主学习。

第二节 大学生学习特点与相关学习理论

一、大学生的学习特点

大学生眼中的大学学习可能是枯燥的、高深的或是简单的、没有实用价值的，抑或是基础的、前沿的。不论你怎么看大学的学习，只有真正认识并把握了大学学习的特点和规律，才能探寻适合自己的学习方法，才能取得良好的学习效果。

（一）学习内容上的特点

1. 专业化程度较高，职业定向性较强。大学教育的任务是为社会培养各类高级专门人才。学生毕业后绝大多数人都要在社会各个实践领域从事与自己专业相关的职业活动，为社会服务。因此，学生一进入大学就要开始分系、分专业，在某一领域从事深入的学习和提高。他们学习的专业化程度较高，职业定向性较强。大学生的学习活动实质上是一种学习—职业活动。大学生要掌握专业基础知识、基础理论，掌握从事各类专业活动的基本技能，要具有明显的职业定向性，为毕业后参加职业活动作好准备。

2. 实践知识丰富，动手能力较强。由于大学生学习的职业定向性较强，因此在大学生的学习中，实践知识的掌握和动手能力的培养具有特别重要的意义。学校教学计划中安排的实验、实习、社会调查、野外考察等内容就是为了达到这一目的。为了掌握本专业所需的实践知识和动手能力，单靠几个星期或两三个月的教学实习、临床实习是不够的，还应在平时学习中经常同社会、同实际工作部门联系。

3. 学科内容的高层次性和争议性。大学生在专业学习中，不但要掌握本专业各学科的基础知识和基本理论，还要了解这些学科的最新研究成果及其发展趋势。同时，大学生学习内容中还包含一些有争议性的、没有定论的学术问题，教师在阐述某一学科内容时经常向学生介绍一系列互不相同的理论和观点，但其中没有一种观点和理论目前已被证明是完全正确的。把这样一些有争论的问题引入大学生学习内容之中，可以开拓学生的专业视野、激发学生智力活动的积极性、培养学生的科研动机和能力，更好地帮助学生认识发现真理的过程。

（二）学习方法上的特点

1. 自学方式日益占有重要地位。在高中阶段，学生学习是在教师直接组织和指导下进行的。进入大学后，自学在学生学习中日益占据重要地位。在大学高年级，自学甚至成了学生学习的主要方式。这表现在以下几个方面：第一，大学生的课程不是安排得满满的，而是留有较多的自学时间，使学生有可能把精力投入到自己认为必要的或感兴趣的方面；第二，即使在课堂教学中，教师也不可能教授教材有关内容的一切方面，而是要提供各种参考书目供学生课后自学；第三，大学生撰写学年论文、毕业论文、参加科研工作，都是在教师指导下依靠自己的力量独立完成的。所有这些，都要求大学生要注意培养自学能力，学会自己确定学习目标，自己安排时间，学会迅速地查找和阅读各种专业资料，学会记笔记、写摘要、作综述，学会独立自主地获取知识。

2. 学习的独立性、批判性和自觉性不断增强。大学生自学的独立性、批判性较强，总是以批判的态度对待学习。他们不轻信教师讲课的内容和书本上现成的理论，不迷信专家、学者的有关论述，而是相信自己通过独立思考、探索所得到的正确结论。大学生喜欢讨论争辩问题，各抒己见，互不相让；爱向教师提问，和教师辩论，喜欢表达自己独到的想法、见解和观点。这种独立性是可贵的，但要避免大学生的盲目自信和认识上的片面性。

大学生学习的自觉性也较强。他们能清醒地认识到自己肩负的责任和学习的意义与价值，学习目的明确，学习态度端正。多数大学生无需教师的监督，就能自觉地、孜孜不倦地学习和思考。

3. 课堂学习与课外、校外学习相结合。课堂学习虽然还是大学生学习的主要途径，但已不像中学生那样几乎是唯一的途径。除了课堂学习以外，他们还要按照教学大纲的要求完成实验作业，在图书馆和资料室查阅文献，参加或协助教师的科研活动，听各种学术报告和讲座，参加学生会和社团协会的工作。除了校内的多种学习途径外，大学生能不断地和校外社会现实相联系，进行社会调查或开展咨询服务，从社会实践中学习。这些活动不仅极大地增强了大学生学习的积极性，而且有效地提高了大学生独立学习和独立工作的能力，从而为他们走向社会、获得职业的成功打下坚实的基础。

（三）学习动机上的特点

大学生的学习动机随着社会生活条件、教育实践影响和个人生活经历的不同而发生变化，表现出自身的年龄发展特点。

1. 学习动机的多元性

大学生的学习动机是多种多样的。有关研究表明，大学生的学习动机主要有四大类：第一类是报答性和附属性学习动机。如为了报答父母的养育之恩，为了不辜负老师的教诲，为了获得其他同学的认可和朋友的支持等。第二类属于自我实现和自我提高的学习动机。如为了满足荣誉感、维持自尊心、发展认知兴趣、满足求知欲等而努力学习。第三类属于谋求职业和保证生活的学习动机。如为了获得理想的职业、为了获得满意的物质生活而学习。第四类属于追求事业成就的学习动机。如希望自己在专业上有所建树，希望自己能对社会有所贡献，感到自己负有振兴中华的使命感、责任感和义务感等。

大学生学习动机的四种类型，实际上也表现出不同的层次和水平。在同一个大学生身上，其学习动机也是多种多样的，而不是受单一的动机所支配，但它们有主从之别。研究表明，大学生四种主导性学习动机主要是：求知探索的动机、友情交往的动机、成就建树的动机、自尊自主的动机。这说明大学生是以求知、求学需要为主要的、基本的学习需要，同时具有珍视友谊、重视自尊和荣誉、追求成功的特点，其主流是健康的、积极向上的。

2. 学习动机的间接性

有调查表明，大学生的直接性学习动机，如分数、赞赏、奖励、避受惩罚等，随年级的升高而逐渐减弱；而间接性学习动机，如求知、探索、成就、创造、贡献等，随年级的升高而逐渐加强。教育实践的经验也表明，低年级大学生对考试分数很重视，常常因不能取得高分而苦恼。随着年级的升高，学生对分数虽然仍然重视，但注重的程度减弱了。相当多的高年级学生，在某些课程上只要求通过考试，在另一些课程上则特别注重广泛吸取知识，参与创造性的探索工作，掌握现代化的科学研究方法。这也说明了随着年级的升高，大学生的直接性学习动机逐渐减弱，而间接性学习动机则逐渐增强。

3. 学习动机的社会性

有调查表明，大一新生认为自己高考复习的学习动机是“报答父母恩情”、“争口气”的占 91.3%；而在大学一、二年级学生的调查中，则有 89.5% 的学生认为“做一个对社会有更多贡献的人”、“在某专业领域要有所建树”等是自己学习的动力源泉。这说明，随着大学思想政治教育工作的开展，以及大学生正确人生观、世界观的逐步形成和远大理想的逐步树立，其学习动机的社会性意义也在日益扩大。

4. 学习动机的职业化

我国的在校大学生，虽然绝大多数是按其报考志愿录取的，但学生的高考志愿往往并非出自学生的个人意愿而带有相当大的盲目性。因此，不少大学低年级学生都有专业思想不巩固的问题。但是随着年级的升高，学生对所学专业的了解日益加深，从而对自己所学专业的喜爱程度逐年加深，职业化的学习动机开始逐渐巩固。

二、相关的学习理论

（一）班杜拉的自我效能感理论

自我效能感指人们对自己是否能够成功地进行某一成就行为的主观判断。这一概念是班杜拉（A. Bandura）最早提出的。在 20 世纪 80 年代，自我效能感理论得到了丰富和发展，也得到了大量实证研究的支持。

班杜拉在他的动机理论中指出，人的行为受行为的结果因素与先行因素的影响。行为的结果因素就是通常所说的强化，但他认为，在学习中没有强化也能获得有关的信息，形成新的行为。而强化能激发和维持行为的动机以控制和调节人的行为。因此，他认为“行为出现的概率是强化的函数”这种观点是不确切的，行为的出现不是由于随后的强化，而是由于人认识到行为与强化之间的依赖关系后对下一步强化的期望。他的“期待”概念也不同于传统的“期待”概念。传统的期待概念指的只是对行为结果的期望，而班杜拉认为期待不仅有结果期待，还有效能期待。他认为结果期待指的是人对自己某种行为会导致某一结果的推测。如果人预测到某一特定行为将会导致特定的结果，那么这一行为就可能被激活和被选择。例如，大学生感到上课注意听讲就会获得他所希望取得的好成绩，他就有可能认真听课。效能期待指的则是人对自己能否进行某种行为的实施能力的推测或判断，即人对自己行为能力的推测。它意味着人是否确信自己能够成功地实施带来某一结果的行为。当人确信自己有能力进行某一活动，他就会产生高度的“自我效能感”，并会去进行该活动。例如，只有当学生不仅知道注意听课可以带来理想的成绩，而且还感到自己有能力听懂教师所讲的内容时，才会认真听课。人们在获得了相应的知识、技能后，自我效能感就成为行为的决定因素。

班杜拉等人的研究指出，影响自我效能感形成的最主要因素是个人自身行为的成败经验。一般来说，成功经验会提高效能期待，反复的失败会降低效能期待。同时，成功经验对效能期待的影响还要受个体归因方式的左右。如果把成功归因于外部的不可控的因素（如运气、难度）就不会增强效能感，把失败归因于内部的可控的因素（如自己的努力）不一定会降低效能感。因此，归因方式直接影响自我效能感的形成。

班杜拉等人的研究还指出，自我效能感具有下述功能：1. 决定人们对活动的选择及对该活动的坚持性；2. 影响人们在困难面前的态度；3. 影响新行为的获得和习得行为的表现；4. 影响活动时的情绪。

（二）成就动机理论

成就动机这一概念源于20世纪30年代默里（H. A. Murray）的有关研究，他把成就动机定义为一种努力克服障碍、施展才能、力求又快又好地解决某一问题的愿望或趋势。20世纪四五十年代，麦克兰德（D. C. McClelland）和阿特金森（J. W. Atkinson）等接受默里的思想，并将其发展为成就动机理论。

成就动机是在人的成就需要的基础上产生的，它是激励个体乐于从事自己认为重要的或有价值的工作，并力求获得成功的一种内在驱动力。例如，大学生想获得优良的学业成绩，想为社会主义现代化建设作出更多的贡献等，都是其成就动机作用的表现。这种动机是人类所独有的，是后天获得的具有社会意义的动机。在学习活动中，成就动机是一种主要的学习动机。麦克兰德的研究发现，成就需要高的人，喜欢对问题承担自己的责任，能从完成任务中获得满足感。成就动机的高低还影响到个体对职业的选择。成就动机低的人，倾向于选择风险较小、所需独立决策少的职业；而成就动机高的人喜欢从事具有开创性的工作，并且在工作中勇于作出决策。

阿特金森将麦克兰德的理论作了进一步深化。他认为，个体的成就动机可以分成两类，一类是力求成功的动机，另一类是避免失败的动机。力求成功的动机，即人们追求成功和由成功带来的积极情感的倾向性；避免失败的动机，即人们避免失败和由失败带来的消极情感的倾向性。根据这两类动机在个体的动机系统中所占的比重，可以将个体分为力求成功者和避免失败者。力求成功者即在其动机成分中，力求成功的成分比避免失败的成分多一些；避免失败者即在其动机成分中，避免失败的成分比力求成功的成分多一些。力求成功者的目的是获取成就，所以他们会选择有所成就的任务，而成功概率为50%的任务是他们最有可能选择的，因为这种任务能给他们提供最大的现实挑战。当他们面对完全不可能成功或稳操胜券的任务时，动机水平反而会下降。相反，避免失败者则倾向于选择非常容易或非常困难的任务，如果成功的几率大约是50%时，他们会回避这项任务。因为选择容易的任务可以保证成功，使自己免遭失败；而选择极其困难的任务，即使失败，也可以找到适当的借口，得到自己和他人的原谅，从而减少失败感。

成就动机的实验

20世纪50年代末60年代初，麦克兰德在各种实验条件下对不同年龄、不同特征的被试的成就动机作了大量的研究。其中一个实验是用5岁的儿童来当被试的。让一个孩子走进一间屋子，手里拿着许多绳圈，让他用绳圈去套房间中间的一个木桩。孩子们可以自由选择自己站立的位置，并且让他们预测他们能够套中多少绳圈。结果发现：追求成功的孩子选择了距离木桩适中的位置，然而避免失败的孩子却选择了要么距离木桩非常近，要么距离木桩非常远的位置。麦克兰德这样解释道：追求成功的孩子选择了具有一定挑战性的任务，但同时也保证了具有一定的成功可能性。因此，他们选择了与木桩距离适中的位置。这个发现在不同年龄，不同的任务中取得了一致的结果。避免失败的孩子关注的不是成功与失败的取舍，而是尽力地避免失败和与此有关的消极情绪。因此，要么距离木桩很近，轻易成功；要么距离木桩很远，几乎没有成功的可能，这是任何人都达不到的，因此也不会带来消极情绪。

第三节 大学生学习适应辅导

盖尔·希伊在《开拓者们》一书中报告说，通过一份内容十分广泛的“人生历程调查问卷”，访问了六万多个各行各业的人士，发现那些最成功和对自己生活最满意的人有一个共同的特点：他们都致力于实现一个其实际能力所难于达到的目标。他们的生活有意义，而且比那些没有长远目标驱使其向前的人更会享受生活。这些人就是知道自己要到哪去的人。大学生也是一样的，给你一个理由，给你一个目标，或是给你一种信念，它就会成为你学习的动力，让你乐于学习并善于学习，能够从学习中体会到乐趣，进而成为那个希望成为的自己！阿基米德曾经说过："给我一个支点，我能撬动整个地球！"那么，你的支点在哪里呢？如果还不能确定，看看以下的建议是否可以帮助你锁定你的"支点"！

一、学会学习

"21世纪的文盲不是不识字的人，而是没有学会学习的人。"——联合国教科文组织报告。

学会学习，是当今时代的总体要求，也是大学学习的实质所在。因为，人才如同资产一样，也是有损耗的，这种损耗被称为人才无形损耗。据国外资料统计，大学生毕业一年后，其在校所学的知识大约老化15%，五年后老化50%—70%，也就是说普通大学毕业生应在8—10年时间内将全部知识更新。随着知识更新速度的加快，需要在实际工作中不断学习和掌握大量新的知识。因此，大学中对知识的掌握只是学习的一部分，更重要的是要学会学习的方法，提高自己的素质。

大学是未来生活的准备和实习，是人生建功立业的预备阶段。大学生应当热爱学习，不断用新的知识充实自己，不但要学好本专业的知识，而且要学习与之相关的各种人文和自然科学知识，拥有跨学科的交融能力，拥有综合分析问题、解决问题和在复杂信息环境下检索和判断的能力，拥有不断创新的能力。学会学习，不仅仅是为了获得知识本身，更重要的是获得一种认识世界的手段和能力。在大学里，不仅仅要成为一名学习好的学生，更重要的是要成为一名会学习的学生。

二、完善学习动机

从心理学角度看，一个人的动机越正确，越强烈，它所发挥的意志就越坚强，所开发的能力就会呈几倍、甚至几十倍的增长。因此，建立恰当的学习动机是大学生学习的关键所在。

大学生面临两个选择，一个是工作，即为大学毕业后谋求一份自己理想的职业而作准备；另一个是继续深造，即为大学毕业考研或出国留学作准备。你如何选择呢？就就业而言，统计数据显示，2011年全国普通高校毕业生达到660万人，比2010年净增30万人，就业压力空前加大；就考研而言，教育部公布的2011年全国报考硕士研究生入学考试的人数约151万，比2010年同比增长7.8%。考研持续升温的一个根本原因在于本科生迫于严峻的就业压力而将此作为延缓就业的一种变通方式。然而即使是考研，也不是解决就业的根本方法，因为社会所需的是德智体全面发展、各方面表现优秀、综合素质高的毕业生。具体来讲，用人单位欢迎那些拥用过硬的政治思想素质，学习成绩优良，专业基础扎实，一专多能，知识面较宽，有组织管理能力和健康的身心素质，善于处理好人际关系的毕业生。同时，从自身的发展而言，也要求每个大学生在上学期间打好扎实的知识基础，就像盖楼房一样，只有地基打得好，才能盖出高质量的楼房。谁都不希望将来还要在繁忙的工作之余补习大学期间荒废的学业，因为这将成为个人发展道路上的一个障碍。

作为一名大学生，无论你现在是迫于形势的“要我学”，还是认清形势的“我要学”，如果你真的有学习的愿望，那么就可以看看下面的建议是否对你有价值。

（一）树立自己的职业理想

所谓职业理想，简单来说是指大学生对自己未来的专业、工作部门、工作种类以及事业成就大小的向往和追求，是建立在个人的专业知识与能力、兴趣和职业激情的基础上的。它对大学生的学习具有一定的促进和导向作用，比如周恩来在青少年时期就有“为中华之崛起而读书”的志向。那么你是希望自己成为工程师、作家、律师，还是其他什么人呢？如果大学生能在大学期间积累知识经验，认清自己的兴趣、能力等自身条件，并积极为实现自己的职业理想而努力学习，就能够在大学期间为自己的长期发展奠定比较坚实的基础。简而言之，就是要明确你想成为怎样的人和你要努力的方向。

（二）明确自己的学习目标

不要停留在每天对自己说“我今天要努力学习”，而是要对自己说“我今天要做好下面几件事，分别是……”。让自己的目标具体化，并让自己知道这个明确而具体的目标是怎样实现的。这对每一个大学生来说都是非常有意义的。单单能明确自己的职业理想是不能够让理想实现的，重要的是要让理想在自己的行动中逐渐清晰、真实、可触及，让它最终成为自己人生道路上的一个里程碑。要学会将自己的目标具体化，你会感觉到每个进步都值得欣慰、值得骄傲。

（三）培养自己的兴趣爱好

兴趣是一种带有情绪色彩的主观认识倾向，表现为一种好学精神。兴趣是“最好的老师”，因为它不仅能够提高人的工作效率，而且能够提高人的耐挫折能力。大学阶段的课程专业性强，学习起来难免有枯燥和乏味的感觉，但是如果能够注意所学专业的特点及其在社会中的应用，结合自己的职业理想，往往能够激发大学生的职业兴趣，这样就有了克服学习内容枯燥乏味的动力，从而引导自己进一步学好自己的专业。比如中文系的同学，尽管整天面对的都是些“之乎者也”类的书籍，但如果他希望成为一名资深编辑，而这些基本知识正是他日后工作的资本，那么即使所学的内容再枯燥，他也能体会到学习的乐趣。你是否也能够发掘出你所学专业的“闪光点”呢?

(四) 明确自己的责任

一个人生活在社会上，需要考虑的不仅仅是自己，还要思考对父母、家人乃至社会应尽的责任。自20世纪90年代后期以来，培养一个大学生的费用直线上升，1999年一个国家计划内大学生四年本科读下来的平均费用是1.4万元，现在则要五、六万元；而原中国人民大学就业指导中心主任樊钉认为一个大学生的四年费用约在七至八万元，其中国家承担了约1/3，家庭承担了约2/3。对于农村家庭而言，这相当于其20年的积蓄总和。即使我们不慷慨激昂地谈论作为热血青年应该如何报效国家、如何回报社会，单单想想自己的父母亲人为了筹集上学费用而整日辛苦劳作的身影，也会帮助那些对学习没有兴趣的大学生找到努力学习的动力，不然，有何颜面再见自己的父亲母亲?责任，是每个大学生必须承担的生命之“重”。

三、培养学习方法

你知道S = B + D + M这个关于学习成功的方程式吗?在这个方程式中，S是成功（success），B是基础（basis），D是勤奋（diligence），而M就是方法（method）。由此可见，在你非常勤奋地使自己具有了扎实基础的时候，影响你成功的重要因素就是学习方法了！哲学家陆九渊所说的“学而不得其法，则反受其蔽”，就是这个道理。

那么，如何探寻适合自己的学习方法呢?

(一) 端正学习态度

进入大学后，以教师为主导的教学模式变成了以学生为主导的自学模式。自学模式首先面对的就是学生所学的课程。大学的课程基本可以分为两类，即专业课和公共课。大学生对专业课的学习应目标明确具体，主动克服各种学习困难，不断提高学习兴趣，不管喜欢与否，都要尽力把专业课学好。对待公共课，要认识到其实用的价值，努力把对公共课的间接兴趣转化为直接兴趣，不要只限于上课认真听讲，而要把听课当成一种享受或是对专业课的补充和调剂。同时，大学的课程又有必修和选修之分。大学生不仅要用心学习必修课，对选修课的学习也要认真对待，不要仅仅停留在浅层的了解和获知上，更要杜绝为了捞取学分才选修某些课程、“选而不修”的不正常现象，要把选修课视为扩充自己知识面的良好机会，在课堂上获得更多的信息来充实和完善自己。

(二) 全面把握学习过程的各个环节

在大学学习中要把握住的几个主要环节是预习、听课、记笔记、复习、总结、做作业、考试等，这些环节把握好了，就能为进一步获取知识打下良好的基础。

1. 预习。这是掌握听课主动权的主要方法。预习中要把不理解的问题记下来，听课时增加求知的针对性，预习既能节省学习时间，又能提高听课效率，是学习中非常重要的环节。

2. 听课和做笔记。上课时要集中精力，全神贯注，对老师强调的要点、难点和独到的见解，要认真做好笔记。课堂上力争弄懂老师所讲内容，经过认真思考，消化吸收，将这些知识变成自己的东西。

3. 复习和总结。课后及时复习，是巩固所学知识必不可少的一环。复习中要认真整理课堂笔记，对照课本和参考书，进行归纳和补充，并把多余的部分删掉，经过反复思考写出自己的心得和摘要。每过一个月或一个阶段要进行一次总结，以融会贯通所学知识，温故而知新，形成自己的思路，从而把握所学知识的来龙去脉，使所学知识更加系统完整。

4. 做作业和考试。做作业是巩固消化知识，考试是检验对所学知识掌握的程度，它们都起到及时找出薄弱环节进而加以弥补的作用。做作业要举一反三，触类旁通，要养成良好习惯。对考试要有正确态度，不作弊，不单纯追求高分，要把考试作为检验自己学习效果和培养独立解决问题能力的演练。

在学习中抓住这几个基本环节，在理解的基础上进行记忆，及时注意消化和吸收。经过不断思考、不断消化、不断加深理解得到的知识和能力才是扎实的。

（三）积极学习课外知识

大学学习不仅仅是完成学业取得学分，更重要的是要发挥自学的能力，在有限的时间里去充实自己，而选择与学业及自己的兴趣有关的书籍来读是最好的办法。莎士比亚说："书籍是全世界的营养品。"培根也说："书籍是在时代的波涛中航行的思想之船，它小心翼翼地把珍贵的货物送给一代又一代。"学会在浩如烟海的书籍中选取自己必读之书，就需要有读书的艺术。首先是确定读什么书。其次对确定要读的书进行分类，一般来讲可分为三类，第一类是浏览的书，第二类是通读的书，第三类是精读的书。正如"知识就是力量"的提出者培根所说，"有些书可供一赏，有些书可以吞下，不多的几部书应当咀嚼消化。"浏览可粗，通读要快，精读要细。这样就能在较短的时间里读很多书，既广泛地了解最新科学文化信息，又能深入研究重要理论知识，这是一种较好的读书方法。读书时还要做到如下两点：一是读思结合，读书要深入思考，不能浮光掠影，不求甚解；二是读书不唯书，不读死书，这样才能学到真知。

（四）学会在生活中学习

生活是最好的老师，学习是生活的一部分，如果能寓学习于生活之中，就会起到事半功倍的效果。比如文学侧重的是吸收和表达能力，那么在生活中如果能多读一些大家的作品，并勤于练笔，对于培养自己的语言表达能力会有很大的帮助；英语侧重记忆和应用能力，参加英语协会、英语角以及观看一些原版的英文电影，听 VOA（美国之音）或 BBC（英国广播公司）、希望英语、空中英语教室等英文广播，肯定会提高英语的听力和表达能力；哲学则侧重于抽象思维能力，平时注重思考问题，读一些黑格尔、罗素等哲学家的著作以及浏览一些专业期刊，尝试写一些思辨性的文章，等等，也会帮助你提高自己的专业水平。

还要善于向他人学习。“三人行，必有我师焉。”这就是说每个人都有长处，要善于学习别人的优点，弥补自己的不足，而不要夜郎自大、自以为是。在生活中，多观察周围的同学，仔细体会他人在背单词、在学习计算机等方面的方法和经验，并根据自己的实际情况有效地模仿和实践，也会取得不错的效果。同时，还要善于学习名人的学习方法。成功人士多有一套适合自己的学习方法，当然这些方法不一定都适合你，重要的是吸取这些方法的精髓，综合创新，为己所用。

四、消除学习困扰

大学生的生活是丰富多彩的，有很多“名言”在大学生中流传着。例如，关于恋爱——“没有恋爱的大学生涯是不完整的”；关于网络——“我把硬币抛向空中，如果正面朝上，就上 BBS；如果背面朝上，就上 QQ；如果硬币立起来，我就去自习”……恋爱、上网、社会工作、兼职、兴趣爱好等都是大学生活不可或缺的组成部分，那么大学生该如何处理好它们与学习之间的关系呢？

（一）明确认识学习是第一位的

原谷歌全球副总裁李开复说：“大学是人生的关键阶段。这是因为，这是你一生中最后一次有机会系统性地接受教育。这是你最后一次能够全心建立你的知识基础。这可能是你最后一次可以将大段时间用于学习的人生阶段。”从这段话中我们可以看出，学习是大学生在校期间的主要任务。在这个阶段，每个人都要为自己未来有可能从事的职业打下扎实的专业基础，要了解本专业最新的研究成果和发展动态，要学会在实践中丰富自己的知识、提高自己的动手能力，等等。如果希望为将来就业做好各项知识储备和能力储备，大学生就要珍惜自己的大学时光，以学习为根本，而不要虚度宝贵的大学光阴。

（二）学会合理安排时间，效能最大化

学习是大学生的首要任务，然而在学习之余，大学生应该有自己丰富多彩的课余生活，因为课余生活也是增长大学生知识和才干的重要途径。大学生课余活动可归为四种类型：文体娱乐型、吸收知识型、学术研究型、实践服务型。比如运动会、足球比赛、卡拉 OK 大赛等，这些均属于文体娱乐活动；而校内外各类知识讲座、知识竞赛则为学生提供了吸收知识型的活动；各类学术社团组织的学术节、模拟股市、学术论文大赛等则属于学术研究型；学生的勤工俭学活动、志愿者活动、创业活动等则属于实践服务型。大学生可以根据自身的特点、兴趣爱好及个人发展需要选择适合自己的课余活动。

大学生安排课余活动是要因人而异的，需要注意以下几方面：1. 课余活动的安排应有利于促进自身的发展；2. 课余活动的安排应适合本人特点；3. 课余活动的安排应遵守充实而适度的原则，不应和学习主业相冲突。

（三）劳逸结合，生活规律

大学生的学习生活要遵循劳逸结合的原则。很多大学生在学习时都会感到疲劳。学习疲劳是因学习时间过长、学习强度过大而在生理和心理上产生的劳累感，导致学习效率下降。学习疲劳最明显的表现是生理上的腰酸背痛、肌肉痉挛、眼球发胀发疼、打瞌睡等；表现在心理上，则是感觉器官活动的机能降低、注意力涣散、思维迟钝、情绪烦躁、易怒、忧郁等。学习疲劳是大脑的一种保护性抑制，它使大脑活动的机能降低。长期过度的疲劳可能造成神经衰弱，但一般的学习疲劳经过适当休息即可恢复。

那么，怎样消除学习疲劳呢？

1. 科学用脑。大脑有左右两半球，两半球的主要功能不同。左半球主要同抽象的智力活动如数学计算、语言分析等逻辑思维活动有关；右半球则主要同音乐、色彩辨识、空间想象等形象化的思维活动有关。为了克服疲劳，就要使大脑左右两半球交替使用，使数学、哲学等需要高度抽象思维的活动同音乐、绘画等活动交替进行，以利于克服疲劳。

2. 劳逸结合。学习过程中要有间隙的休息，特别要注意使脑力劳动与体力劳动、文娱体育活动结合起来交替进行，这样有利于消除学习疲劳。除此之外，还应保证有充足的睡眠时间。

3. 顺应生物钟的节律。按照人体生物钟的规律，上午 7—10 时机体的生理机能处于上升的状态，10 时左右精力最充沛，是学习与工作的最佳状态，此后逐渐下降，至下午 5 时后又再度上升，到晚上 9 时达到最佳状态。因此，学习时间的安排应顺应人体生物钟的节律变化。但这一变化规律会因地区与个人而有所不同，应研究总结自己身体机能工作的规律以合理安排作息时间。

（四）积极锻炼，增强体质

人的大脑与躯体是个统一体，体内消化、循环、呼吸、泌尿系统的新陈代谢旺盛，才能供给大脑更多的氧气和养料。锻炼身体有很多好处：可以调节脑细胞的工作；可以帮助人更好地睡眠，消除疲劳；可以促进新陈代谢，改善大脑的营养状况。那些不锻炼身体的脑力劳动者就常常患上神经衰弱、高血压、胃病、消化不良、便秘、痔疮等疾病，因此大学生要积极锻炼身体，增强体质。

（五）学会放松自己的身体

在生活中每个人都会紧张。当处在紧张的状态时，我们全身的肌肉都会变得紧张起来，而肌肉的紧张会引起身体上的各种反应：脸红、心跳、额头和手心出汗、手发抖、身体僵硬或颤抖等。这些反应会进一步加重紧张程度，形成一种恶性循环。缓解身体紧张的最有效方法，就是学会在出现紧张反应时进行放松。放松训练是一种专门的放松技巧，可以很方便地使用。身体放松以后，就能消除或者缓解焦虑以及身体不适感。而且，当你的身体放松时，你的心理也能放松。

在进行放松训练时要注意以下几点：

1. 要下决心坚持每天练习，以形成一种习惯。

2. 每天练习 2—3 次，练习越多越容易放松。

3. 不要在空腹或饱餐后练习，练习的房间不能太热或太冷。

4. 初练者可选择一种舒适的姿势躺着，穿宽松的衣服。以后也可坐着或站着练习。要以“自然的态度”去练习，不必太看重自己的表现，不必担心自己能否达到放松。

5. 练习时，要注意采用正确的呼吸方法，即通过鼻子呼吸，尽量让肺部肌肉张开。呼吸要缓慢、均匀。避免快速的深呼吸。

6. 记录练习的过程，评价放松的步骤是否适合自己。应该注意每天放松训练的效果会有差异，有时容易放松，有时比较困难。

7. 肌体放松对环境要求较高，一般要求房间安静整洁，光线柔和，没有噪声；练习时避免他人打扰。

在进行放松练习时，做到以下几点有助于提高放松的效果：

1. 闭上眼睛以一个舒适的姿势坐着。想象你的身体逐渐变得沉重和放松。

2. 用鼻子吸气，并把注意力集中于你的吸气过程。呼气时，注意心理感受，并且呼吸要自然、放松。

3. 不要担心自己能否掌握这一方法，按照自己的节奏让自己紧张和放松。练习时，分散注意力的念头可能会进入你的脑海里，不必担忧，顺其自然，继续注意你的心理感受和呼吸。

4. 练习持续的时间就是你能感到放松的时间。这一过程有的需要 2 分钟，有的需要 20 分钟。结束练习的判断标准是你感到了放松。

5. 当你完成练习后，闭上眼睛静静地坐一会儿，然后睁开双眼。起身时，动作不要太快、太猛烈①。

五、制定合理的学习评价标准

（一）学习成绩不能代表一切

学习成绩不能代表一切，不能完全代表过去，不能代表现在，更不能代表将来。它只能代表过去某段时间的学习状况，从成绩中我们看到的是自己前一段时期的学习情况，发现自己在前一段学习中存在的不足，认真分析原因，寻找合适

---

① 蔺桂瑞. 心理困扰自解［M］. 北京：高等教育出版社，2005：83.

方法，及时调整自己；好的方面要继续保持和发扬，不足之处要加以避免和改正。同时，还要认识到即使是最好的试卷也无法把学过的所有内容都考察一遍，成绩中有时也存在偶然的因素。认识到这一点，学会肯定自己，学会对自己说："我努力了！"

（二）学会和自己赛跑

我们不要期待自己永远都是最优秀的，我们也不可能永远都是最优秀的，那是一个美好的梦想，是我们追求的目标。真理往前走一小步就是谬误，如果"我在高中是班里最优秀的学生"是真理的话，用它来衡量你在大学班级里的地位，就难免有失偏颇。在生活和学习中每个大学生都应该在心理上做好有人比我们更优秀的心理准备，因为这种情况会时常发生，在学习、业余爱好、人际交往、工作能力、语言表达等许多方面都会出现这种情况。在很多时候，我们要学会和自己比较，只要自己努力了，并且今天的自己比昨天的自己更接近自己的目标，就应该感到高兴、快乐和满足。在很多时候，我们在认识到和他人存在差距的同时，也要学会肯定自己，肯定自己的成绩。

（三）完善知识结构，注意能力培养

所谓合理的知识结构，就是既有精深的专门知识，又有广博的知识面，具有事业发展实际需要的最合理、最优化的知识体系。李政道博士说："我是学物理的，不过我不专看物理书，还喜欢看杂七杂八的书。我认为，在年轻的时候，杂七杂八的书多看一些，头脑就能比较灵活。"大学生一定要避免知识面过窄，要建立合理的知识结构。建立合理的知识结构并没有固定的形式，学生要根据自己的特点来确定。一般来说，可借鉴这样一套程序：首先，要根据准备选择的职业目标确定自己知识结构的类型；其次，根据组合后的知识结构的情况，决定需要补充的学习内容，进一步使之完善；最后，在毕业前还要根据社会与科学技术的发展，根据将要从事的职业在其所属社会组织中的具体层次进一步调整知识结构。建立合理的知识结构没有捷径可走，其基本途径只能是学习和积累；也绝不可一劳永逸，必须持续不断地付出艰辛的劳动。每一位大学生只要采取适合自己的科学方法，并且不断努力，刻苦耕耘，就一定能建立和完善自己的知识结构，为顺利就业打下良好的基础。

大学生还要注重培养自己的能力。武汉大学进行了题为"社会究竟需要什么人才"的用人市场调查，研究结果表明，当代大学生的相对优秀因素有爱国热情、专业水平、知识结构、适应能力等；相对不足因素有计算机使用能力、处理人际关系能力、身体素质、文明修养、合作精神、敬业精神等；绝对不足因素主要是心理素质、创新能力、写作能力、科研能力、自知之明。由此可见，要让自己被用人单位、被社会认可，凭借的不仅仅是学习成绩。因此，在大学期间如果能够明确自己的学习目标，培养自己除了专业知识能力以外的人际关系能力、语言表达能力等各种能力，就能提高自身的综合实力以适应社会的需求，为自己的发展打下良好的基础。

六、学习习惯与学习动力测试

（一）学习习惯测试

养成良好的学习习惯，对一个人的学习有着重要的辅助作用。心理学研究发现，学习习惯影响学习效能，它体现在预习、听课、作业、复习、考试这一系列的学习环节中。如果你想了解自己是否具有良好的学习习惯，就请你坦白地回答下面小测验中的每个问题，它可以帮助你明确自己在阅读、记忆和笔记三方面是否具有良好的学习习惯。

阅读方面

1. 阅读时，你会先确定阅读的目标，认清自己要从中学习什么。
2. 在详细阅读课文之前，你会先将该文粗略地看一遍。
3. 你会用不同的阅读方法及速度来配合不同的读物与阅读目的。
4. 你会留意课文里的各级标题与课文前后的问题。
5. 你会留意课文中的图表、地图和相片等。
6. 阅读时，你能分辨出哪些内容重要，哪些不重要。
7. 对所阅读的读物，你会努力尝试对它产生兴趣。

记忆方面

1. 对于必须牢记的内容，你会尝试先行了解、明白。
2. 你会将需要学习的东西组织起来，如写下大纲分成类别等。
3. 对于刚学到的东西，你会尽快复习。
4. 你会将复习时间分成若干段落，并适当安排休息。
5. 在学习时，你能分辨出哪些资料重要、哪些不重要，并使注意力集中在重要的资料上。
6. 你会尽量将重要的东西牢牢地记住。
7. 你会将学过的知识融会贯通。
8. 你会将学过的内容经常复习。
9. 你会将学到的东西或知识加以应用。

笔记方面

1. 你会应用简写的方式如符号、图表等，使笔记看来更精简易明。
2. 你的笔记有很大的灵活性，以便随时加插、修改或重新编排次序。

3．你的笔记选用不同的组织方法如列序式、大纲式、分类式等，以配合不同形式的内容。

4．你的笔记内容是经过自己的思考、过滤及重组后，用自己的语言写出来的。

5．上课时，你能同时听老师讲课及用笔记摘录内容。

6．你会拣出内容的精华而避免原文照抄，也避免将老师所讲的一字不漏地写下来。

如果你答“是”的次数较多，则表示你有较佳的学习习惯；反之，你可能需要尽快改善学习的方法了。对于如何改进，上面的题目已经给你提供了很好的建议。如果能够结合自身的特点对以上方法加以改进并善加利用的话，你定会从中获益良多。

（二）学习动力自我诊断测试

下面的测试可以帮助大学生了解自己的学习动力。

这是一份关于大学生学习动力的自我诊断量表，一共有20个问题，请你根据自己的实际情况，逐一对每个问题作出“是”或“否”的回答。为了保证测验的准确性，请你认真作答。

1．如果别人不督促你，你极少主动地学习。

2．你一读书就觉得疲劳与厌烦，直想睡觉。

3．当你读书时，需要很长的时间才能提起精神。

4．除了老师指定的作业外，你不想再多看书。

5．在学习中遇到不懂的知识，你根本不想设法弄懂它。

6．你常想：自己不用花太多的时间，成绩也会超过别人。

7．你迫切希望自己在短时间内就能大幅度提高自己的学习成绩。

8．你常为短时间内成绩没能提高而烦恼不已。

9．为了及时完成某项作业，你宁愿废寝忘食、通宵达旦。

10．为了把功课学好，你放弃了许多你感兴趣的活动，如体育锻炼、看电影与郊游等。

11．你觉得读书没意思，想去找个工作做。

12．你常认为课本上的基础知识没啥好学的，只有看高深的理论、读大部头作品才带劲。

13．你平时只在喜欢的科目上狠下工夫，对不喜欢的科目则得过且过。

14．你花在课外读物上的时间比花在教科书上的时间要多得多。

15．你把自己的时间平均分配在各科上。

16. 你给自己定下的学习目标，多数因做不到而不得不放弃。
17. 你几乎毫不费力就实现了你的学习目标。
18. 你总是同时为实现好几个学习目标而忙得焦头烂额。
19. 为了应付每天的学习任务，你已经感到力不从心。
20. 为了实现一个大目标，你不再给自己制定循序渐进的小目标。

结果解释：

上述20道题目可分成4组，它们分别测查你在四个方面的困扰程度：1—5题测查你的学习动机是否太弱；6—10题测查你的学习动机是否太强；11—15题测查你的学习兴趣是否存在困扰；16—20题测查你在学习目标上是否存在困扰。

假如你对某组（每组5题）中大多数题目持认同的态度，则一般说明你在相应的方面存在一些不够正确的认识，或存在一定程度的困扰。

从总体上讲，假定选“是”记1分，选“否”记0分，将各题得分相加，算出总分。

总分在0—5分，说明学习动机上有少许问题，必要时可调整。

总分在6—10分，说明学习动机上有一定的问题和困扰，可调整。

总分在11—20分，说明学习动机上有严重的问题和困扰，需调整。

注：本测验的结果仅供参考。

【建议参考资料】

1. 郑日昌，陈永胜. 学校心理咨询［M］. 北京：人民教育出版社，2010.
2. 贺淑曼. 学习：改变你的人生［M］. 北京：高等教育出版社，2004.
3. 陈勃. 大学生人生困惑及应对［M］. 北京：高等教育出版社，2004.
4. 教育部人事司. 高等教育心理学［M］. 北京：高等教育出版社，2002.
5. 蔺桂瑞. 心理困扰自解［M］. 北京：高等教育出版社，2005.

【问题与思考】

1. 大学生主要有哪些学习适应问题？你有这些问题吗？
2. 大学生如何培养有效的学习方法？
3. 合理的学习评价标准有哪些？
4. 结合自己的情况，寻找对自己有效的排解学习困扰的方法。

第六章　大学生生活适应及其发展辅导

【本章提要】

本章主要介绍大学生不同阶段的生活适应情况、主要的问题类型、相关理论，以及大学生生活适应的辅导等内容。其中还包括大学一到四年级不同阶段的生活适应表现、大学生生活适应发展的要求、大学生生活适应能力的培养等。

【学习重点】

1. 大学生不同阶段生活适应状况
2. 大学生生活适应常见问题类型
3. 大学生生活适应发展的要求
4. 培养大学生生活适应能力的具体方法和途径

【重要术语】

生活适应　适应能力　角色理论

第一节　大学生不同阶段生活适应表现

面临从中学到大学的转变，许多大学生都经历了从不适应到适应的过程。适应是心理健康的一项最基本的标志，是大学生必备的心理素质。一个人从中学升入大学，从大学步入社会，表面上是从一种生活环境进入另一种生活环境，实质上是一种适应过程。人生就是一个不断使自己适应环境的过程，良好的适应过程就是一个适应——转变——发展的过程。作为一名大学生，如果你今天能够很好地适应大学生活，明天就能够很好地适应不断发展的社会。

适应，是一个人通过不断调整自身使其个人需要能够在环境中得到满足的过程，也是自我与环境和谐统一的一种良好的生存状态。人的一生就是一个不断适应的过程。对大学生而言，只有适应大学生活的各个阶段，才能采取切实的行动转变自己，才能最终使自己发展并成熟。然而，在大学生活的各个阶段，人人都会面临各种各样的适应问题。

有人曾用鲁迅的作品来总结大学生活，一年级是彷徨，二年级是呐喊，三年级是朝花夕拾，四年级是伤逝，堪称经典。那么，在大学期间，同学们会表现出哪些适应问题呢？

一、大学一年级生活适应表现

在经历了“十年寒窗”的苦读、熬过了“黑色六月”的炼狱之后，走进梦想中的大学是多么令人兴奋啊！对很多人来说，大学的校园生活是一个早已翘首企盼的美丽新世界。然而，当大学生活初步安顿下来、开始了正常的学习生活之后，最初的惊奇与激情逐渐退去，大学新生要面临的是一段艰难的心理适应期。“刚上大学时远离了父母，远离了昔日的朋友，我的心底非常迷惘、非常伤感。新同学的陌生更增加了我心底那份化不开的孤独。每天背着书包奔波在校园中，独自品味着生活的白开水。”这是很多大一学生内心状态的真实写照。

这个全新的世界——无论是自然环境还是学习环境，无论是个人目标还是社会期望——需要大学新生及时地进行自我调整。否则对于那些缺乏心理准备的大学新生来说，在这段心理转型与重塑的过程中可能会产生不同程度的适应问题。能否成功地进行“大学生”角色的转换，将直接影响到大学期间的学习和生活质量。那么，大学新生在这段心理转型与重塑的过程中会面临哪些问题呢？

（一）生活环境的变化

上大学就意味着离开自己熟悉的地方，到一个陌生的地方去学习，在生活方式上需要适应。大学生来自全国各地，有大城市的、中小城市的、农村的、偏远山区的。很多人对大学的生活环境是不适应的，会感受到一种“文化冲击”。当到了一个新环境时，每个人都会发现这个环境与自己熟悉的环境有着相当大的差别。这种差别就会影响到每个人对环境的适应。因为到了一个新的环境，人们往往会按照过去形成的一系列观念来评价新的环境，往往会把与人们过去环境中不同的东西看成是不合理的。

大学生还要面临生活习惯的变化。大学新生很多都是独生子女，在上大学前，这些独生子女在生活上对父母有较强的依赖心理，缺乏独立生活的能力，例如新学期开学家长专程护送新生上大学的现象越来越普遍，有的学生甚至有几位亲友陪同。然而，校园生活中没有了父母、长辈每日的悉心照料，部分独生子女在生活上不能自理。“洗澡要排队，衣服要自己洗，食堂的饭菜又难以下咽”，这是很多独生子女进入大学后最直接的感受。还有很多新生不能适应大学的集体生活。在对新生开展的心理普查约谈中，很多被约谈的学生都会谈到自己对集体宿舍生活的不适应。这些学生上大学前没有住过集体宿舍，缺乏集体生活的经验，很难适应一间宿舍住五六个人甚至八个人的情况，同时打水、扫地、洗衣服等原本自己从不需要考虑的事情成为生活中必不可少的一部分，从来不是问题的事现在成为了问题。在这样的环境中，有些同学表现出睡眠障碍，“我从小就有自己的房间，现在一下子八人一个房间真不适应。尽管每天晚上我十点钟就上床准备睡觉，但是要等到熄灯后其他同学都发出鼾声我才能入睡。”这种状况是很多学生睡前的写照，也是在心理普查约谈中学生提及较多的困扰。

（二）学习状况的变化

大学里面的学习气氛是外松内紧的。和中学相比，在大学里很少有人监督你，很少有人主动指导你；这里没有人给你制订具体的学习目标，考试一般不公布分数、不排红榜……因此，很多学生存在学习动力不足的问题。有问卷调查表明，大学生学习勤奋程度同高中相比，自认为有所提高的占 9%，大体相当的占 29%，有所下降的占 37%，大大下降的占 25%。在学习的积极性方面，自认为"学习积极主动"的占 23%，"一般能完成学业但学习比较被动"的占 45%，"对学业采取应付态度"的占 23%，"不能完成学业、学习放任"的占 9%。可见，与高中阶段相比，大学生的学习勤奋程度和学习积极性都大大降低了。出现上述情况主要有以下几方面的原因。

1. 上大学前后的"动机落差"

在高中阶段，学生以考上大学为唯一的学习目标。在普查约谈中，很多学生都会在提及学习时说这样的话，"高中时的老师总是说，你们现在学习很辛苦，等到考上大学就好了！"这类言语往往会误导学生，使他们上大学后容易产生松懈心理，希望在大学里好好享乐一番，以致不能及时树立大学期间的学习目标，表现出与高中阶段明显的"动机落差"。同时，很多学生在高中阶段兴趣狭窄，爱好很少，一门心思考大学，没有形成特长。一旦进入大学，就迫切地想发展自己的爱好特长，把主要精力放在"玩这玩那"、"练这练那"上，而对学习重视不足，对学习失去了兴趣。

2. 自我控制能力较差

有些大学新生自我控制能力较差，容易受别人的影响，会有意无意地模仿高年级学生的做法，诸如"他们玩我也玩"、"他们谈恋爱我也谈恋爱"、"他们考证我也考证"，久而久之便失去了自控能力。有些大学生经受不住暂时失败的考验，因为一次考试成绩落后就一蹶不振。也有些大学生受到社会不良风气的影响，看到所谓"知识贬值"现象，便觉得读书无用，滋生厌学情绪，导致学习动力不足。

3. 缺乏远大的理想，没有树立正确的人生观

大学新生学习动力不足的深层原因是缺乏远大的理想，没有树立正确的人生观。只有明确了"为什么活着"、"为什么上大学"等根本问题，学习动力不足现象才可能得以根除。

学生的这种学习动力不足状态会与大学中的学习要求形成鲜明的反差，严重影响学生在大学期间的学习。那么，大学里的学习与中学阶段的学习究竟有那些不同呢？

（1）学习目的不同

中学主要是传授基础科学、文化知识，本质上是一种中等水平的普通教育，

为广大学生的继续深造和就业作一般性的基础文化知识准备，基本没有考虑未来职业的具体要求。简言之，中学的学习是基础学习。而大学教育则主要是一种专业教育，其目标是培养未来社会的生产者和建设者，尽可能照顾到未来具体职业的特殊教育，因此，大学学习具有职业定向性的特点。

（2）学习内容不同

中学教学内容是多科性、全面、不定向的，大学教学则是一种基本定向的专业教学，在学习内容上表现出多元化和丰富性的特点，具体表现为以下几点：一是专业化程度较高，职业定向性较强；二是范围广，既有自然科学，又涉及人文科学，特别是一些交叉学科；三是开始逐步走向社会，扩展生活领域，从社会实践中学习；四是注重能力的培养；五是注重情感态度的学习；六是开始创新的探索，进行科学研究。

（3）学习方法不同

中学时期，老师教学生是“手拉手”领着教，老师安排得详细周到，不少学生养成了依赖老师、只会记忆和背诵的习惯。而大学老师则是“老师在前，学生在后引着走”，提倡学生自主学习，课外时间要自己安排，逐渐地从“要我学”向“我要学”转变，不采用题海战术和死记硬背的方法，提倡生动活泼地学习，提倡勤于思考、自主学习。

（三）人际关系的变化

在心理普查中，大一学生表现出的最大心理问题是人际交往方面的问题。之所以存在人际交往问题，是因为大一学生的人际关系表现出以下三个特点。

1. 交往需求强烈，实际行动少

大学新生怀着美好的憧憬走进大学，具有强烈的交往动机，希望和人交朋友。这是因为处于青春期的大学新生，有着强烈的自尊、认同和归属的需要，非常渴望从朋友中获得情感的共鸣。然而，青春期的特点又使他们内心敏感而细腻，怕受伤害，不愿轻易表露自己，自我封闭倾向明显，在与大学里面的新同学接触时，总习惯拿高中时的好友为标准来加以衡量。表现为内心愿望多，实际行动少，和周围人的关系大都不远不近、若即若离，总是希望别人先伸出友情之手。这样，不少同学感到在大学里知音难觅，缺少温暖，深感孤寂，于是十分怀念中学时光，产生一种怀旧情绪，甚至把自己沉浸在对过去的思念中，每天关心的只是能否收到老同学、老朋友的信和问候，减退了投入新生活的勇气和热情，陷入一个不良循环当中。

2. 交往对象范围大，出现问题的概率高

在大学，来自五湖四海的学生汇集成一个微缩的社会群体，由于他们原来各自的生活习惯、性格、兴趣、家庭状况、生活经历等方面的不同，而且高等学校中的信息灵通，这就决定了大学生的交往是一个多层次、多方位的开放型系统。

在这个系统里的人际交往，不可避免地会发生一些摩擦、冲突和情感损伤，这一切难免引起一些学生的不快。加之本来他们远离父母就有一种孤独感，一旦因为人际关系不和谐发生其他冲突，这种孤独感就会进一步加剧，从而产生压抑和焦虑的情绪体验。

3. 交往方式多元化，单一途径难以满足情感需求

由于大学生活的丰富多彩，大学生的交往方式与中学相比也呈现出多元化的特点，有面谈、上网、电话、书信等形式，可以在学习活动、日常生活、社团活动、娱乐活动等过程中结交朋友。据调查表明，过半数大学生是通过当面交谈和电话方式进行交往（分别占 78.9% 和 51.6%），上网交往也占了 37.7%，可见，大学生的交往方式由原来的互访、通信等转向使用现代化的通讯设备和交往工具，使大学生的人际交往变得更方便、更快捷。很多大学新生不能适应这种多元化的交往方式，还简单地希望仅仅和身边的人建立亲密关系，获得情感上的支持，有时难免产生悲观、失落、焦虑等心理状态。

二、大学二年级生活适应表现

大二是相对平稳的一年，因为大部分人通过一年的调整，已经能够适应大学生活，完成了从中学生到大学生的“角色”转换，只有极少数人还难以适应，出现抑郁症甚至退学等情况。但这并不是说大二学生就不存在适应问题了，他们同样会表现出适应问题，只是问题的内容和大一不同。大二学生的适应问题主要表现为以下几方面。

（一）学习目的不明确

学习目的不明确不是一两个学生存在的问题，很多同学都存在类似的状况，具有一定的普遍性。从一些心理辅导员反映出的问题看，学生表现出的很多问题都与自己的学习目的不明确有关系。经过大一的磨砺，大二学生基本能够应对大学中发生的事情，日常生活又有了高中生活的味道，很程式化。然而这种程式化让很多人失去了学习的目标，上课听讲，下课自己安排，没有老师的督促和家长的唠叨，没有月考、期中考试等考试的压力，不排红榜，大学毕业对自己还有些“遥遥无期”……生活平淡得好像白开水一样，同样的日程日复一日，“今天的太阳和昨天的一样，和明天的也不会有什么区别”。这种平淡的生活让很多在上大学前怀有雄心壮志的大学生迷失了自己，不知道自己能干些什么和该干些什么。于是很多人对自己的学习要求一降再降，以“60 分万岁”作为学习标准的大有人在，日子在懵懂中不知不觉地流走了。

（二）人际关系紧张

大一同学间彼此不熟悉，比较克制和宽容；经过一年的时间，彼此间慢慢熟悉起来，没有了以前的距离感。“距离产生美”，现在同学间没有距离或者说距

离很近，矛盾就会逐渐显现出来，可能由于不懂交往、不敢交往、不善交往、不会交往等因素而影响到同学间的人际关系。另外，独生子女问题和经济问题对大学生人际交往也存在一定的影响。

独生子女的“自我中心”是导致人际关系紧张的一个因素。当代大学生大都是20世纪末出生的独生子女。这一代人生而寂寞，没有兄弟姐妹，“孔融让梨”的手足情感仅仅是一个书本故事，他们很难有切身的体会。从小万千宠爱集于一身、早已习惯了以自我为中心的他们，缺少容忍、谦让、合作的品质，自我控制能力较差。这就导致他们在一个集体内，在与其他人的相处中容易产生摩擦和矛盾。

经济原因也是大学生人际关系紧张的因素之一。“阶层”这个概念虽然是经济学上的一个概念，但在现今的大学生中也悄然出现了。家庭间经济状况的差距也在大学生的生活中有了充分的表现，大学生中有着较为明显的贫富差距。学生群体中出现了“阶层”，阶层与阶层之间很难深入交往。一个贫困生因为自卑、自尊或者其他原因，很难与一个家境比较富有的同学成为知心朋友。一个来自山村的学生说：“我有的时候一顿饭为了省钱连菜都不吃，只吃两个馒头，喝食堂的免费汤；但有的同学天天吃小炒，还嚷嚷着很难吃，真受不了他们。”2006年某高校所作的大学生思想概况调查显示，该校学生的月生活费低的不足300元，而高的能达到2 000元；同时，有28%的同学认为“经济条件”是“导致自己心理压力的最主要原因”。经济上的差距无形之中导致了在人生经历、思想情趣、兴趣爱好上的差距，这种差距就像一道沟，把贫富双方彼此隔在了沟的两边。

(三) 恋爱困扰

“大一按兵不动，大二蠢蠢欲动，大三全面出动，大四个个反动”，这句调侃恋爱现象的俏皮话在大学生中广泛流传。由陌生到熟悉，经过大一的认识了解，很多同学可能产生相互间的感情关系。同时还有一些同学见到周围的人成双成对，也在恋爱与不恋爱之间徘徊。在日常咨询中经常会有同学提这样的问题：“老师，您说我该不该谈恋爱?”已经处于热恋之中的同学和在恋爱问题上犹豫徘徊的同学都存在很多困扰。例如，处于热恋中的同学要学会适应、接纳恋人，要处理恋爱和学习之间的关系、恋人和朋友之间的关系等。这些困扰同样需要大学生在学习和生活中去应对和解决。

三、大学三年级生活适应表现

大三的学生，少了大一时的瞻前顾后、谨小慎微，没了大二时那种忙忙碌碌、拼死拼活，对于他们而言，恋爱、发展是主要的困扰问题。

(一) 情感危机

大三学生的恋爱，与大一、大二不同，由恋爱产生的矛盾比较突出。前两年有些同学可能已经有了关系密切的异性朋友，但到了大三，新鲜劲儿过了，长时间的耳鬓厮磨可能会让一方或者双方产生厌烦；或者一方毕业离开学校或是离开了上学的城市；或者考虑换个对象以对自己毕业后找工作、出国能有帮助等，这些情况可能导致恋爱关系亮了红灯。还有到了大三，没有确定恋爱关系的大学生会感到郁闷或烦躁，这种情况也会给学生带来心理压力，使得一些学生陷入其中难以自拔，以致影响学习生活。

（二）就业压力

个人发展是大三学生考虑较多的问题之一。某校的调查发现，有40%的大三学生认为“就业压力”是“导致自己心理压力的最主要原因”，其程度已经超过四年级。之所以成为“就业压力大户”，是因为九成以上的大三学生被“不良预期”所左右。由于缺乏“实战经验”，对就业信息掌握不全面甚至过于负面，比如经常从师兄师姐那里听到求职受挫的经历，因此大三学生对就业的预期往往倾向于消极，担心找不到好工作，担心薪金过低等，这些都让他们倍感焦虑。还有那些要考研的人，考研大军日益壮大的不争事实带给他们的压力是不言而喻的。所以大三的学生更要抓住时间和机遇，为自己的将来做好准备。想找工作的，要让自己全面发展，除了学习专业技能以外，还要学习如何转变形象、如何待人接物、如何给人留下良好印象等必修课；想考研的，在学习本学年课程的基础上，还要全面复习英语、政治以及其他考研科目。大三，是一个“化茧成蝶”过程的开始，也是大学阶段的一个关键时期。

四、大学四年级生活适应表现

大四学生不可避免地面临择业。在择业的过程中，因为对自我和就业环境缺乏认识，再加上大学阶段的心理特点，不少同学会体验到许多择业方面的心理困扰。其心理困扰主要有以下几种类型。

（一）目标模糊

很多大学生在求职前没有形成比较明确的职业理想和择业目标，不了解自己，也不了解就业市场。在择业的过程中经常出现“想要我的单位不想去，我想去的单位不要我”的情况。在“供需”无法很好匹配的情况下，是说服自己去接受一个不是很合适的工作，还是冒着失去相对不错的就业机会的风险继续等待和寻找？很多同学就这样一头扎进“进退两难”的选择困惑中。

（二）期望过高

每一个大学生都会有自己的择业期望。很多人在谈到工作时对户口、薪金、自我发展等方面都有很明确的期望，这些期望难免过高。一些毕业生不仅自身条件不能满足用人单位的需求，而且很多用人单位根本不能为毕业生提供其期望的优厚待遇。这种反差难免让很多大学生感到求职路途的艰辛和无奈。

(三) 畏惧胆怯

某校关于心理压力的调查发现，有40%的大学生的心理压力来自“就业压力”。在就业的过程中，几十个人甚至数百人竞争一个职位的情况随处可见，这让很多同学产生了畏惧心理和退缩行为，因此一些同学不能全身心地进行择业方面的各种准备工作，还有一些同学仓促签约，“早早把自己卖出去”。

(四) 心灰意冷

每个大学生在求职过程中都会遇到很多大大小小的挫折。面对求职中的意外打击，一些同学会感到非常痛苦、无助，甚至心灰意冷，不愿再积极主动地寻找机会。

第二节 大学生生活适应常见问题和相关理论

一、生活适应的常见问题

大学生表现出的种种适应问题，归根结底，来源于大学生自身发展的特殊性。正如埃里克森（E. H. Erikson）的心理社会发展八阶段理论阐述的，人生就是连续完成各个阶段应该完成的发展课题的过程。在不同的年龄阶段，有与之相应的生理和心理发展课题。大学生处于青年期后期，在此阶段他们要在自我接纳、社会适应、人际关系、异性交往、社会责任等方面不断取得经验和发展的基础上，在思想和行为方面真正摆脱对外界的依赖而全面成熟起来，并最终建立独立完整的人格体系。可见，在大学期间，大学生正经历着人生发展过程中的多事之秋，而刚进入大学的青年学子，由于心理发展不成熟、情绪不稳定，很容易产生适应不良，从而出现各种心理问题。这些问题大体可归为如下几种类型。

(一) 理想与现实的心理冲突

年轻人都会有自己的理想，这个理想是彩色的、崇高的、神圣的。对于大学生这个群体而言更是如此。在他们的理想中，置身其中的是花园式的校园，任课的老师是满腹经纶的学者，上课的教室是宽敞明亮的阶梯教室，有光明的专业前景，有丰富的校园文化生活，有亲切友善的人际关系，有温柔漂亮或英俊潇洒的恋人……然而，当他们真正置身于大学之后，发现现实与理想相距甚远，很多人面临的是沉重的学业负担和日益严峻的就业压力，气氛不浓、品味不高的校园文化，名存实亡的学生社团组织，庸俗化的人际关系……这些现象使不少学生心理难以平衡，产生孤独感、寂寞感与强烈的不适应感。

(二) 角色定位的心理偏差

进入大学后，大学生会发现现实也有残酷的一面：和周围的同学相比，自己没有引人注目的文艺特长，没有漂亮的容貌，没有让人羡慕的家庭背景，就连高中阶段引以为傲的学习成绩也不尽如人意，只能是大学中的普通一员。置身于大学之中，发现自己并不是什么“天之骄子”，而是一个再普通不过的学生。特别是对于大学一年级的学生而言，一年级被称为“新生神话”破灭的一年。很多大学生在思考这些问题时，心理矛盾重重，不愿接受自己成了“普通人”的现实，苦恼缠身，产生抑郁、焦虑等不良情绪反应。

（三）学习适应不良的心理困扰

学习适应不良是很多大学生产生心理问题的根源。许多大学生没有深刻认识到大学学习与中学学习的不同，把中学时期的学习方法应用到大学学习中，结果遭遇了成绩不理想、挂科等情况。具体而言，中学时代的学习模式都是由一般的简单记忆到反复训练，作为学生只要肯下工夫，多努力，就能取得好成绩，正所谓“一分耕耘，一分收获”。而到了大学，学习内容的专业程度较高，并以学生的自主学习为主，老师仅给一些指导性的建议，具体怎样去学，全靠自己制订和实施计划。特别是由于上课时间的减少，自主学习时间的增多，一些同学在下课之后感到无所事事，不知道从何学起；还有的同学学习很用功，但是学习效率不高，一个晚自习看不了几页书。上述的问题往往会导致大学生产生紧张、焦虑、失眠等困扰。

（四）人际交往适应不良的心理挫折

在大学校园这一特定环境之中，大学生具有强烈的归属感，对友谊、对朋友有着热切的依恋和期望。但是大学的人际关系和高中阶段的人际关系有明显的不同。在高中阶段，人际关系的概念更多的是友谊的扩展，其重要特点就是它的交往双方是根据个人的好恶来进行取舍的；而大学中的人际关系是一种类似成人的人际关系模式，这种关系模式要求大学生不管喜欢不喜欢、愿意不愿意，都必须和周围的人保持一种和谐的关系，因为它是每个人生存和发展的必要条件。但是由于很多大学生不愿交往、不敢交往、不会交往，以致很多人体验到孤独、寂寞、害羞、恐惧、拘束等情绪体验，进而在交往过程中出现沟通不足、关系失调、人际冲突等现象，从而产生心理挫折。如不少大学生都感觉到不知如何与同学、老师、辅导员交往。由于人际交往受挫，不少大学生便产生了“大学同学之间的交往怎么和高中不一样”、“在大学里没有知心朋友，感到孤独”的悲叹。

（五）生活适应不良的心理挫折

在校大学生平均年龄处在18—22岁之间，他们在生理上多已发育成熟，但其心理发展远没有成熟，仍带有一定的幼稚性、依赖性和冲动性。许多学生第一次离开家到一个全新的环境，一时难以克服诸如水土不服、饮食不习惯、集体生活不适应等问题，难以承受理想中的大学环境和现实中的大学环境之间的反差，致使他们出现孤独、苦闷、烦恼、忧愁等不良心理反应。同时，这个时期是人生由青年向成年过渡的阶段，大学生的独立性、自主性还没完全成熟，许多学生无法适应新的生活。如有些学生对大学的学习方式不习惯，尤其不能适应大学生活里“充足的自由时间”，缺乏独立自主的学习能力和习惯，不能适应学习持久紧张与竞争压力，容易产生茫然、空虚、压抑、紧张、无所适从感，导致心理挫折的产生。另外还有些学生的宗教、信仰、风俗习惯得不到别人的理解和尊重，或个人的才能无从发挥，也容易产生挫折感。

二、生活适应的相关理论

（一）埃里克森的心理社会发展八阶段论

埃里克森（E. H. Erikson）的发展理论认为，人出生后与社会环境接触，并在与环境的互动中成长。一方面由于个体的自我成长需要，希望从环境中（特别是在人际关系上）获得满足；另一方面又受到社会的限制，使他在社会适应上产生一种心理上的困难。埃里克森称之为发展危机。他认为，人一生随年龄发展经历不同的发展阶段，每个年龄阶段都产生不同的心理危机，即遇到不同的社会适应问题。这就需要人们不断地学习，在经验中调整自我，使自己不断完成每一个阶段的适应任务，在人生道路上的不断前进。

埃里克森用两极对立的观念来表示不同时期的发展危机，即个体在社会要求下的两难处境。处理得好，危机向正极方向发展，成为发展的转机；处理不好，危机向负极方向发展，成为发展的障碍。由于个人的适应调节能力不同，个人的发展趋向也就不同。

表 6－1 是埃里克森划分的人生八个阶段的适应与发展过程。

表 6－1　埃里克森的心理社会发展八阶段论

期别	年龄	发展危机	发展顺利者的心理特征	发展障碍者的心理特征
1	0—1 岁	信任对不信任	对人信任，有安全感	面对新环境时会焦虑不安
2	1—3 岁	自主行动对羞怯怀疑	能按社会要求表现目的性行为	缺乏信心，行动畏首畏尾
3	3—6 岁	自动自发对退缩愧疚	主动好奇，行动有方向，开始有责任感	畏惧退缩，缺少自我价值感
4	6 岁—青春期	勤奋进取对自贬自卑	具有求学、做事、待人的基本能力	缺乏生活基本能力，充满失败感
5	青年期	自我统合对角色混乱	有明确的自我观念与自我追求目标	生活无目的无方向，时而感到彷徨迷失
6	成年期	友爱亲密对孤僻疏离	与人相处有亲密感	与社会疏离，时感寂寞孤独
7	中年期	精力充沛对颓废迟滞	热爱家庭，关怀社会，有责任心，有义务感	不关心他人与社会，缺少生活意义
8	老年期	完美无缺对悲观绝望	随心所欲，安享余年	悔恨旧事，消极失望

大学生处于人生发展的青年后期和成年早期阶段。大学生在这一时期适应和发展的主要任务是确立一个正确的自我概念，即能够独立地作决断，并能够承担起社会的责任；能够与别人建立亲密的关系，或在其中获得相互的认同。埃里克森认为，发展亲密感、建立良好的社会关系对于个人能否进入社会具有重要的作用。这一阶段还要体验到爱情的亲密感和实现感。

（二）社会心理学的角色理论

社会心理学的角色理论是关于人的态度与行为怎样被其在社会中的角色地位及社会角色期望所影响的理论。社会角色理论认为，每个人在社会关系系统中处于一定的角色地位，周围的人也总要按照社会角色的一般模式对他的态度、行为提出种种合乎身份的要求并寄予期望，这就叫做“角色期望”。一个人的态度、行为如果偏离了角色期望，就可能引起周围人的异议或反对。在这种情况下人们就会通过观察或想象别人对自己的表情、态度等形成“镜像自我”，即把别人对自己的态度当做镜子来认识自己的形象，从而形成“自我概念”。人会按照别人的期望不断调节自己的行为与塑造自己，这就叫做“角色采择”。每个人都处在一定的社会关系和环境中，周围的这些社会关系和他人都会根据人们的职位、个性、家庭背景等不断地提出一定的“角色期望”，而每个人都会通过“角色采择”塑造自己的自我形象，并不断朝这个方向靠近。如果一个人“角色采择”的自我形象和“角色期望”中的一样，他就能和谐地发展；如果不一致，他就可能出现一定的不适应，甚至出现心理失衡等问题。

每个个体往往都具有不同的社会身份并扮演着多种社会角色。如作为一名大学生，在学校的时候可能是一名学生的角色，在班集体里可能是一名班长的角色，在家里可能是一个女儿或儿子的角色，在商场里可能是一名顾客的角色，在汽车上可能是一名乘客的角色。社会对每一种角色都会有不同的要求，有时候这些角色之间可能互不相容，这就会出现“角色间冲突”。这种冲突常常会使人感到左右为难，为了摆脱这种困境，需要依据个人当时所在的境况明确自己当时主要的角色地位及其行为界限，同时还要考虑社会对自己的角色期望。一个人作为一种角色，也常常由于不能同时实现两个或更多的自我期望而产生矛盾，这就叫做“角色内冲突”。要解决这种冲突就必须分清轻重缓急，采取先后兼顾或舍末求本的角色和行为。当人们能够正确了解自己的“角色期望”，能够正确地进行“角色采择”，并能够正确地处理角色冲突时，这个人就能够很好地适应与发展，反之就会出现许多适应不良心理问题，阻碍个人的发展。

第三节　大学生生活适应的辅导

大学是人生的关键阶段。大学，可能是人生中最后一次有机会系统性地接受教育，将大段时间用于学习的人生阶段；可能是人生中最后一次可以拥有较高的可塑性、集中精力充实自我的成长阶段；可能是人生中最后一次能在相对宽容的，可置身其中的环境学习为人处世之道的理想阶段……因此，在这个阶段里，所有大学生都应当认真把握每一个“第一次”，让它们成为未来人生道路的基石；在这个阶段里，所有大学生也要珍惜每一个“最后一次”，不要让自己在不远的将来追悔莫及。在大学四年里，大学生们不应该“郁闷”，应该努力为自己编织生活梦想，明确奋斗方向，奠定事业基础。

那么，在大学阶段应该学习什么呢？

一、大学生生活适应发展的要求

我国学者根据联合国教科文组织对于21世纪青少年教育的“学会认知，学会做事，学会共同生活，学会生存”的要求，根据我国的实际情况，对大学生的适应与发展提出了学会做人、学会做事、学会与人相处、学会学习的任务和要求。这四种能力简称为“四会”。

（一）学会做人

大学生首先要学会做人，适应与发展的目的在于使人日臻完善；使人格成熟，不断增强自主性、判断力和个人的责任感；使人拥有正确的人生观、价值观，拥有明确的伦理道德观念和是非观念，能够遵守社会公德，使自己的各项行为符合新时期大学生的行为规范。

（二）学会做事

大学生要有敬业精神和社会责任感，要有独立的生活管理能力，独立选择、独立决断、独立处理问题的能力和应付各种情况和环境的工作能力，能够不断积累做事的相关经验，工作富有成效。

（三）学会与人相处

在现代社会中，与人和谐相处既是一种人际交往的能力，也是人生成功的一种人际资源。大学生应当对他人有尊重、真诚的态度，能够接纳他人的长处与不足，能够与他人进行良好的沟通，在沟通中建立亲密的合作关系，在相互交流与分享中促进自我和他人的成长与发展。

（四）学会学习

学习是一个终生的任务。大学生应当热爱学习，不断用新知识充实自己，不但学好本专业的知识，而且学习与之相关的各种人文和自然科学知识，拥有跨学科的交融能力，拥有综合分析问题、解决问题和在复杂信息环境下检索和判断的能力，拥有不断创新的能力。学会学习，不仅仅是为了获得知识本身，重要的是获得一种认识世界的手段和能力。

二、大学生生活适应能力的培养

“四会”是对每个大学生适应与发展提出的概括性任务和要求，在实际学习和生活中，大学生要努力培养以下几方面的能力。

（一）培养自立能力

生活的实质在于独立，凡是有成就的人，没有一个不是自立的人。每个人都有一个独立的头脑，应该具有独立思考和处理问题的能力。这种能力要在生活的实践中去培养和锻炼。只有尝试着独立解决问题，才能得到锻炼，才能发展自己的自立能力。正如日本一句名言所说，“除了空气和阳光是大自然的赐予，其余一切都要通过劳动才能获得”。因此大学生可以多参加一些社会实践、勤工助学、社团活动，在活动中审视自己、分析自己，并逐步提高自己的自立能力。

自立能力对于大一学生的意义尤为重要。大一学生如何适应自己的“大学生角色”，开始自己的自立生活呢？可以从以下几点入手：

首先，要尽快熟悉校园的“地形”。新生入校后要到校园的各处熟悉情况，例如，了解教室、图书馆、商店在什么地方，食堂什么时候开饭，如何购买澡票，甚至学校有几个门，等等。这样，在办理各种手续、解决各种问题的时候就会比别人更顺利、更节省时间。

其次，多向高年级的同学请教。直接向高年级的同学请教是熟悉校园生活的一个最快捷的方法。一般来说，多数高年级的同学都愿意把他们的经验传授给新生，以帮助他们尽快适应校园生活，尽量少走弯路。当然，向同乡请教也是不错的选择，共同的家乡背景能够让彼此迅速地熟悉并开始交往。

最后，在班级中负责一定的工作。在班级中担任一定的工作，能为自己更多地和老师、同学接触创造机会。与老师、同学接触得越多，掌握的信息越多，锻炼的机会也就越多，能力提高得也就越快，自信心也就逐渐建立起来了。

正如陶行知所说：“滴自己的汗，吃自己的饭，自己的事自己干。靠人、靠天、靠祖上，不算是好汉。”

良好的开始是成功的一半，只要你迈好大一适应的第一步，灿烂的大学生活就在不远处等着你。

（二）正确调控自我

人贵有自知之明。“自知”是认识自己，在认识自己的基础上调整自己，是每个大学生学习生活中必不可少的部分。

1. 及时感知并调整自己的情绪

情绪是人在心理活动过程中所产生的内心体验及相应的行为反应。良好的情绪状态不仅对大学生的学习生活产生积极影响，而且有利于发挥自己各个方面的成长潜力；相反，长期处于不良情绪状态中的大学生，则容易产生一些心理障碍，如抑郁症、强迫症等，还会引发身心疾病。因此，每个大学生要善于察觉自己的情绪，特别是察觉不良的情绪；要对自己的情绪状态保持敏感，关注自己内心的体验，体察自己是高兴还是抑郁。当发觉自己处于不良情绪状态中时，要能够通过调整自己的学习生活目标、及时表达自己的感受、积极接纳等方法，使自己处于良好的情绪状态之中。

2．建立理性的认知方式

大学生在学习生活上的不适应多源于对现实的不合理认知。例如，对人对己的绝对化、概括化要求，对不如意事件“糟糕至极”的预期，以及不是“天使”就是“野兽”的两极性思维等认知方式。具有这些不良认知的人对周围的事物或自己的行为、思想作出消极的评价时，会给自己以不良的暗示，导致各种消极情绪的产生。

上述的不良认知是可以调节的。首先，当你处于不良认知当中时，要提醒自己保持清醒的头脑，并把你的想法一一记录在纸上；其次，再从头到尾看一遍上面提到的不合理认知的特征，并与自己的想法进行对比；再次，重新客观地评价自己的认知活动。

（三）合理规划目标

《礼记·中庸》有云：“凡事预则立，不预则废。”大学生活也是一样的，目标和计划在今后的学习和生活中起到良好的导向作用。具体而言，就是要做好自己大学四年的职业生涯规划。职业生涯规划，就是在自我认知的基础上，根据自己的专业特长、知识结构，结合社会环境与市场环境，对将来要从事的职业以及要达到的职业目标所做的方向性的预案。就设定目标而言，主要包含三方面内容——专业学习、能力培养和个人的职业目标。

1．确立专业学习目标要合理

每个大学生都经历了高考的磨炼，都是学习上的佼佼者。但是进入到大学以后，虽然不排红榜，但学习成绩在学生的心目中仍然有一个排名次序。这个排名次序是很多人学习的动力，争做班级中学习最好的学生是很多人的愿望。能够在学习上成为班级第一固然好，但是第一毕竟只有一个，做最努力的自己才是最重要的。因此要合理确定自己的学习目标，要结合自己的实际情况制订自己的学习计划，不要盲目地和其他同学攀比。

同时大学生还要认识到，学习成绩是很重要，而符合自己实际情况的学习更重要。大学生对学习成绩要有正确的认识，即学习成绩不能说明一切。

因此，制订学习目标要合理，符合自己的实际情况，努力学习，做最好的自己，在学习上就是成功的。

2．培养自己的综合能力要量力而行

大学生中人才济济，在唱歌、舞蹈、美术、摄影、运动等方面都会有很多佼佼者。那么你的目光锁定在哪里呢？作为一个没有特长的平庸者，你会决定开始学习一门乐器、还是舞蹈或者其他别的什么？作为兴趣爱好去学非常好，但不要让它成为你内心的负担。如果你希望向其他同学一样在某一方面出类拔萃，那么希望这种想法一定是建立在你有这方面天赋的基础上的。即使你没有让人瞩目的特长，也并不影响你成为一个优秀的人。李开复在《做最好的自己》这本书中写到，“如果你拥有正确的价值观、积极的人生态度，并能把二者应用到追寻理想、发现兴趣、有效执行、努力学习、人际交流、合作沟通等六种最基本的行为方式中去，你就有可能成功。”因此，大学生要结合自身的实际情况，在学习、社团活动、社会实践等活动中培养自己的能力。

3. 制订个人职业目标要慎重

职业目标对大学生具有重要的意义。很多高校的课程设置中有“大学生职业生涯规划”方面的内容，大学生如果能在一、二年级确定自己的职业生涯规划，积极并慎重地制订个人的职业目标，对其大学学习、生活是具有方向性的指导意义的。

（四）增强人际交往

“一个人成功15%要靠专业知识，85%要靠人际关系与处世技巧。”这句话是人们所熟知的，形象地说明了人际关系的重要性。大学，是最后一次能在相对宽容的、可以置身其中学习为人处世之道的理想阶段，那么，在这个环境中，如果能够把握人际交往的原则、掌握人际交往的艺术并能努力增强自己的人际魅力，你就能够拥有和谐的人际关系。

1. 把握人际交往的原则

人际交往原则是为人处世的基本原则，在大学生的日常学习和生活中，要学会运用以下交往原则：平等交往，正确估价自己，不要光看到自己的优点而盛气凌人，也不要只见自身弱点而盲目自卑；尊重他人，在态度和人格上尊重他人，承认或肯定他人的能力、成绩和自己的不足，更要尊重他人的自尊心和感情，不能“看人下菜碟”；真诚待人，热情关心、真心帮助他人而不求回报，对朋友的不足和缺陷能诚恳批评；互助互利，热诚帮助他人，与人为善；讲究信用，有约按时到，借物按时还，不乱猜疑，不轻易许诺、信口开河；宽容大度，要记住宽容克制并不是软弱、怯懦的表现，而是成熟的特征。

2. 掌握人际交往的艺术

人际交往的艺术首先就是语言艺术，在说话时要称呼得体，注意礼貌，用词准确。其次是非语言艺术，能够掌握和运用好眼神、手势、面部表情、姿态、位置、距离等非语言技巧，巧妙地表达自己的思想感情，有时能起到“此时无声胜有声”的作用。

3. 努力增强自己的人际魅力

人际魅力，即增强人际吸引的成分，是指在人际交往过程中形成的，他人对个体给予积极和正面评价的倾向。如何增强人际吸引力，做一个受欢迎的人呢？

（1）要努力建立良好的第一印象，在和人交谈时真诚地对别人感兴趣，微笑，多提别人的名字，做一个耐心的倾听者，谈符合别人兴趣的话题，以真诚的方式让别人感到他很重要。

（2）提高个人的外在素质，恰当地修饰自己的容貌，扬长避短，注意在不同场合下选择样式和色彩符合自己的服装，形成自己独特的气质和风度。

（3）培养良好的个性特征，自信、谦虚、积极、努力、宽容，这是理想伙伴不可缺少的内涵。

（五）行动转变性格

美国习惯心理学家威廉·詹姆斯（W. James）说："播下一个行动，收获一种习惯；播下一种习惯，收获一种性格；播下一种性格，收获一种命运。"简而言之就是"行动改变命运"。

积极行动首先要把握好现在。把握好现在，意味着把现在应该做的事情做好，这样才能把握未来。如果你正处在由于环境适应不良而带来的孤独、苦闷、烦躁、恐惧和空虚当中，正在对自己所学习的专业不满意，正在犹豫是考研还是就业，正希望改善同学关系、增进同学间的友谊，那么积极行动起来，为自己、为集体、为他人做些事情，你就会在行动中了解自己、了解他人，也给了他人在行动中了解你的机会。那么，你就会逐渐融于新的环境当中，感到充实和愉快。当你积极行动起来的时候，你就不会再有因冥思苦想带来的烦恼。赶快积极行动起来，行动会带给你价值，行动会带给你心理的健康和欢乐。

积极行动还要向着目标前行。可能你的目标还非常遥远，可能实现目标的条件还非常不完善。但是，这并不是你停步不前、徘徊犹豫的理由。胡适先生曾说过，凡是要等到有了图书馆才读书的，有了图书馆也不肯读书；凡是要等到有了实验室才做研究的，有了实验室也不肯做研究。不要做等待的人，在行动中向着目标前行。那些成功的人，他们成功的样子实际上早就铭刻在心中了，这么多年，他们只不过是朝着那个既定的方向前进前进再前进！如果你积极投入到学习和活动中去，积极投入到社会的各项实践活动中去，你就会提高自我选择、自我决断、自我管理的能力和处理各种复杂事务的工作能力，也将提升自己的自信心，完善人格。同时，你也会找到自己的目标，并最终实现自己的目标。

附：适应能力测验

请快速阅读下面的陈述，并根据自己的第一感觉给出自己实际情况与每句话的符合程度。符合程度用数字来表示：1 表示符合，2 表示不清楚，3 表示不符合。

1. 每次离开家到一个新的地方，我总爱闹点毛病，如失眠、拉肚子、皮肤过敏等。

2. 开会轮到我发言时，我似乎比别人更镇定，发言也显得很自然。

3．在冬天我比别人更怕冷，夏天比别人更怕热。

4．在嘈杂、混乱的环境中，我仍能集中精力学习和工作，效率并不大幅度降低。

5．每次检查身体，医生都说我“心跳过速”，其实我平时脉搏很正常。

6．如果需要的话，我可熬一个通宵，第二天仍然精力充沛地学习或工作。

7．我觉得一个人做事比大家一起干效率高些，所以我愿意一个人做事。

8．为求得和睦相处，我有时放弃自己的意见，附和大家。

9．和别人争吵起来时，我常常哑口无言，事后才想起该怎样反驳对方，可是已经晚了。

10．无论情况多么紧迫，我都能注意到该注意的细节，不会丢三落四。

计分标准与结果解释：

单数题正向计分（即 1 = 1，2 = 2，3 = 3）；双数题反向计分（即 1 = 3，2 = 2，3 = 1）。

24—30 分：适应能力强。世界千变万化而你游刃有余，面对生活中的压力你常能化之于无形；你心情愉快、万事如意，这种精神品质有利于你的心理平衡与健康。你是个生命力强的人。

17—23 分：适应能力一般。事物的变化及刺激不会使你失魂落魄，一般情形你都能作出相应的适度反应，可是如果事件比较重大、变化比较突兀，那么你的适应期就要拖长。你了解自己的这种情况之后，最好预先准备，锻炼自己的快速适应能力。

10—16 分：适应能力差。你对世界的变化、生活的摩擦很不习惯，如此磨损你会过早断裂的。不过只要意识到了，还是有希望改善此状况的。对环境的不适应可以分为生理不适应与心理不适应，对于生理不适应，可以暂时给自己一些优待，例如，到异地水土不服时，可以设法改善自己的住宿和饮食条件。

（摘自：北京劳动就业报，1999 - 10 - 8.）

【建议参考资料】

1. 郑日昌，陈永胜. 学校心理咨询［M］. 北京：人民教育出版社，2010.

2. 王登峰，崔红. 把握人生的新起点［M］. 北京：高等教育出版社，2004.

3. 聂振伟，贺淑曼，蔺桂瑞. 大学生心理健康必读［M］. 北京：高等教育出版社，2004.

4. 樊富珉. 大学生心理素质教程［M］. 北京：北京出版社，2002.

【问题与思考】

1. 大学各阶段生活适应的表现有什么不同？

2. 怎样培养大学生的生活适应能力？

3. 根据自己的实际情况，分析自己有哪方面的适应问题，制订一个提高生活适应能力的具体计划。

第七章　大学生情绪及情绪管理的辅导

【本章提要】

本章主要介绍情绪的含义及特点、情绪的相关理论，以及日常情绪的管理等内容。重点介绍了情绪认知和情绪表达、大学生常见情绪障碍及阴阳辩证辅导的理论和方法等。

【学习重点】

1. 情绪的含义
2. 情绪认知和情绪表达的含义
3. 大学生的情绪特点
4. 情绪的日常管理方法
5. 阴阳辩证辅导的理论与方法

【重要术语】

情绪　情绪认知　情绪表达　情绪管理　阴阳辩证辅导

第一节　情绪的概述

一. 情绪的含义

（一）什么是情绪

情绪（emotion）是人人都熟知的一个词，并且人人对它都有着切身的体验，然而要准确描述它，并不那么容易。情绪到底是怎么一回事，至今还在探索之中。

现代观念把情绪定义为一种我们所感觉或感知到的精神状态，亦即一种自我意识的状态。在这种观念里，情绪只是内感知，它仅仅依赖于个体自身的主观感觉，只有个体自身对自己情绪的感知不可能出错。但这只是现代浪漫主义和唯我论的神话，心理活动的意义不能由私人体验来决定，而必须在现实世界中得到确定。

情绪不是由一些对自身感知的碎片拼凑成的片段，而是完整、连续、不间断的经历。情绪也不只是主观的精神体验；我们不能只注意感受到的东西，还必须注意整个情绪显现的情境和行为。如果我们把情绪完全等同于私人体验，那么我们就无法区分爱与嫉妒。因此，把情绪视为一种自我意识或内感知的观点是站不住脚的。其最根本的错误在于，把情绪仅仅定格在主体与自身的认识关系的框架之中，而真实的情绪体现的是人与整个世界的存在关系。情绪是对情境的体验、对有机体的变化和行为的完整经历。

情绪，是一种看不见、摸不着、来无影、去无踪，却时刻感觉得到而挥之不去的存在。人，包括一般动物，对情绪有时避之不及，如痛苦；有时则趋之若鹜，如快乐。这就是情绪的行为。

《心理学百科全书》（*The Encyclopedia of Psychology*，1981）这样说：从 19 世纪起，心理学即广泛使用 情绪这个名词，但至今仍未找到一个令人满意的定义，只能大致同意情绪包含情感的主观知觉、外显行为的各种变化，以及生理状态的改变等。

格林珍娜等人（P. R. Kleinginna et al，1981）综合各方观点，为情绪下了一个较为完整的概括性的定义：

情绪是一组复杂的主观因素和客观因素之间的交互作用，受到神经系统和荷尔蒙系统的调节，它可以：1. 引发情感体验，诸如警觉、愉悦或不快乐等情感。2. 产生认知过程，诸如情绪有关的知觉作用，评价和分类的工作。3. 活化一般的生理适应为警觉状态。4. 导致行为，这些行为通常是（但不一定是）表达的、目标导向的及适应的。

（二）情绪的维度和分化

情绪有好的、正面的，也有坏的、负面的。其内涵极为复杂，古今中外，千百年来，仍无一致的定论。但只要提到情绪一词，总会让人联想到七情六欲中的喜、怒、哀、乐、恶、忧、恐。若深入探讨，人们日常生活中总是以负面、不好的情绪居多，七情中负面的情绪占七分之五；正面、好的情绪，只占七分之二（张春兴，1996）。所谓正面、负面的情绪划分法，仍有待磋商。

情绪表达了人与客观事物之间极其复杂的相互关系，以及客观事物对个体多方面的意义，组成了多样化的情绪类别。情绪的多种表现形式是从儿童至成人逐渐发展而来的，对婴儿时期情绪的发生和分化加以说明有助于了解情绪的多样化类别。

对人类情绪发展的研究，尚缺乏确定性和精确性。但对儿童情绪发展的认识，始终处于相对领先地位；对儿童进行研究所依据的观点往往在于，情绪行为的变化可用来解释其他发展现象。

我国心理学家林传鼎于 1947—1948 年根据对 500 多名出生 1—10 天的婴儿的观察提出，不能认为新生儿的情绪是不分化的一般性激动，而是很清楚地分化为两种情绪反应：愉快，代表生理需要的满足；不愉快，代表生理需要未满足。林传鼎提出婴儿从出生到三个月末，可以有欲求、喜悦、厌恶、忿急、惊骇、烦闷六种情绪反应的相继发生，但它们分化得不是很清楚，只是在愉快或不愉快的轮廓上附加一些东西，主要是面部表情。他还认为婴儿生长到两岁，会发展出对人的尊敬、同情，对事物的好奇、羡慕，关于评价的惭愧、失望，否定性质的厌恶、愤怒以及恐惧等20多种情绪反应。

儿童情绪的分化和发展，是从其基本需要是否获得满足而逐渐发展成为带有社会内容的情绪表现形式的。这与儿童生活的社会范围日益扩大和成人对儿童的教育直接相关。苏联心理学家雅科布松把儿童年龄发展中情绪的变化特点概括为：情绪的冲动性和境遇性逐渐减少、稳定性逐渐增加、情绪生活逐渐社会化等。

（三）几种理论对情绪的解释

1. 情绪是对事件的感情反应

行为主义的理论家哈洛（H. F. Harlow）、斯塔格纳（Stagner）认为，无条件感情反应是情绪产生之根源，在对这些反应的条件化过程之中，便形成了情绪。米伦森（J. R. Millenson）指出：心理上的冲突往往是我们所具有的基本的、更复杂的情绪。格雷（Gray）的观点属于变态情绪理论的类型，他认为情绪是由外部事件引起的内部状态，它与驱力相区别。

2. 情绪是无意识的微妙体验

精神分析和体验的理论家拉帕波特断言，情绪所依据的基础是无意识。他强调冲突理论在精神分析的情绪理论中的地位。当不同的驱力症结相互冲突时，感情或情绪就产生了。普拉丹斯认为：情操和情绪均在想象中产生，情绪是紊乱的，它是使得情操变混乱的途径之一。萨特以存在主义的观点对情绪作了最完满的解释。他认为，情绪的主、客体密不可分，情绪是人们理解世界的多种方式，包含着对世界的改变。并非一切情绪都清晰可辨。情绪能微妙地给人带来不快或顿悟的瞬间。

3. 情绪来源于我们对事物的看法

情绪的认知学派强调认知在情绪的产生和发展中的重要作用，认为离开认知过程，情绪过程不可能独立产生和发展。美国心理学家阿诺德（M. B. Arnold）在20世纪50年代提出的情绪评估—兴奋学说，强调来自外界环境的影响要经过人的评价与估量才产生情绪，这种评价与估量是在大脑皮层上产生的。例如人在森林里看到一只熊会引起惧怕，但在动物园里看到一只关在笼子里的熊却并不惧怕，这就是个体对情境的认识和评价在起作用。阿诺德给情绪下的定义是：情绪是趋利避害的一种体验倾向。他认为情绪反应包括机体内部器官和骨骼肌的变化，也认为对外围变化的反馈是情绪的基础。阿诺德认为皮层兴奋是情绪的主要机制。

人们的情绪及行为反应与人们对事物的想法与看法有关。在这些想法和看法背后，有着人们对一类事物的共同看法，这就是信念。合理的信念会引起人们对事物适当、适度的情绪反应；而不合理的信念则相反，会导致不适当的情绪和行为反应。当人们坚持某些不合理的信念，长期处于不良的情绪状态之中时，最终会导致情绪障碍的产生。

二、情绪的成分和两极性

（一）情绪活动的成分

20 世纪 70 年代，美国心理学家沙赫特（S. Schachter）提出了情绪三因素说，认为情绪的产生不是单纯地决定于外界刺激和机体内部的生理变化，而把情绪的产生归因于三个因素的综合作用，即刺激因素、生理因素和认知因素。他认为，认知因素中对当前情境的估计和过去经验的回忆在情绪形成中起着重要作用。例如，某人在过去经验中遇到过某种危险情境，但能平安度过，当他再次经历这种险境时，回忆起过去的经验，便能泰然自若。也就是说，当现实情境与过去建立的经验模式相一致，相信能加以应付时，人就没有明显情绪；当现实情境与预期和愿望不一致，感到无力应付时，人就会产生紧张情绪。这种学说更加强调人的认知过程对情绪的调控作用。

人们通常认为，情绪心理主要由情绪体验、情绪生理、情绪行为三因素组成。

1．情绪体验

通常我们并没有把情绪和情感区分开来，实际上，情感是强调情的感受方面，特指情绪体验成分。在当前有关情绪体验的许多研究和著作中，常提到快乐感一词，快乐感是衡量幸福感的重要情感指标，表示个体较少地感受到生活事件的压力，正向情感多于负向情感。正向情感指合群、乐观、自尊、愉快等积极情感，负向情感与此相反。快乐感用正向情感与负向情感之差表示，它是个体的一种主观情感体验，对生活的客观、理性的评价并不一定能真实地代表主体对生活的感受和体验。

2．情绪生理

美国心理学家威廉·詹姆斯和丹麦生理学家卡尔·兰格（C. Lange）分别于 1884 年和 1885 年提出了相似的情绪理论。该理论基于情绪状态和生理变化的直接联系，提出情绪是对机体变化的感知，是机体各种器官变化时所引起的感觉的总和。詹姆斯说："我认为，当我们一知觉到使我们激动的对象时，立刻就引起身体上的变化。在这些变化出现之时，我们对这些变化的感觉，就是情绪。""我们因为哭，所以愁；因为动手打人，才生气；因为发抖，所以怕。并不是我们愁了才哭，生气了才打，怕了才发抖。"兰格认为："任何作用，凡能引起广泛的血管神经系统功能变化的，都会有情绪表现。"詹姆斯—兰格情绪学说强调生理变化对情绪的作用，有一定的历史意义，但它片面夸大了外围性变化对情绪的作用，而忽略了神经中枢对情绪的主导作用。

3. 情绪行为

关于情绪行为，莫勒认为，情绪在学习中是最重要的，情绪是具有特殊的引发作用的驱力。有四种基本的情绪：恐惧、希望、宽慰和失望。恐惧伴随即将产生危险的某种环境刺激的开始而出现。当此刺激结束时，出现宽慰。当某些预示一个安全时期的刺激出现时，就体验到希望。安全信号结束时，产生失望。

米伦森提出两个基本设想：（1）某些情绪只是在强度上不同，如快乐和狂喜。（2）某些情绪是基本的，另一些是它们的混合物。他把焦虑、欢快、愤怒视为情绪的三个基本模式。同时，他又提出用三种方法控制情绪：（1）逐渐适应于持续展现着的引起情绪的刺激。这导致承受控制的耐力，和承受“好”事丧失了其效果的耐力。（2）用相反的操作作出反应，如保持“一本正经”的面容或“坚定不移”的神态。（3）回避引起情绪的情境。

（二）情绪的两极性

情绪具有两极性。情绪的两极性可以表现为积极的或增力的，以及消极的或减力的。积极的、增力的情绪可以提高人的活动能力，如愉快的情绪驱使人积极地行动；消极的、减力的情绪则会降低人的活动能力，如悲伤引起的郁闷会削弱人的活动能力。在不同的情况下或对于不同的人，同一些情绪可能既具有积极的性质又具有消极的性质。例如恐惧易于引起行动的抑制，减弱人的精力，但也可能驱使人集中精力与危险情境进行斗争。

情绪的两极性也可表现为情绪肯定和否定的对立性质。如满意和不满意、愉快和悲伤、爱和憎等。在每一对相反的情绪中存在着许多程度上的差别，表现为情绪的多样化形式。构成肯定或否定这种两极的情绪，并不绝对互相排斥。客观事物是复杂的，一件事情对人的意义也可以是多方面的，因此，处于两极的对立情绪可以在同一事件中同时或相继出现。例如那些为祖国事业而献身的烈士的亲人，既体验着对烈士为国捐躯的崇高爱国主义的荣誉感，又深深感受着失去亲人的悲伤。

情绪的两极性还可以表现为紧张和轻松（紧张的解除），这样的两极性常常在人活动的紧要关头，或人所处情境的最有意义的关键时刻表现出来。例如考试或比赛前的紧张情绪，和这样的处于关键时刻的活动过去以后出现的紧张的解除和轻松的体验，能代表这种两极性。紧张决定于环境情境所影响的行动、任务的性质，如客观情境所赋予的对人的需要的急迫性、重要性等；也决定于人的心理状态，如活动的准备状态、注意的集中、脑力活动的紧张性等。一般来说，紧张与活动的积极状态相联系，它引起人的应激活动，有时候过度的紧张也可能引起抑制，引起行动的瓦解和精神的疲惫。

有时，情绪的两极性也会表现为激动和平静。激动的情绪表现为强烈的、短暂的但却是爆发式的体验，如激愤、狂喜、绝望。激情的产生往往与在人的生活中占重要地位、起重要作用的事件的出现有关，同时又出乎意料，违反原来的愿望和意向，并且超出了意志的控制。与短暂而强烈的激情相对立的是平静的情绪，人在多数情况下是处在安静的情绪状态之中的，在这样的状态下，人能从事持续的智力活动。

此外，情绪的两极性还可以表现在强度上，即从弱到强的两极状态。许多类别的情绪都可以有强—弱的等级变化，如从微弱的不安到强烈的激动，从愉快到狂喜，从微愠到暴怒，从担心到恐惧，等等。情绪的强度越大，整个自我被情绪卷入的趋向越大。情绪的强度决定于引起情绪的事件对人的意义以及个人的既定目标和动机是否能够达到和实现。

以上从情绪两极性的分类中归纳了情绪在某些表现形式上的特征，这些特征是从不同侧面的两极形式加以归类的。它们往往成为人们度量情绪的尺度，如情绪的强度，情绪的紧张度，情绪的激动程度，情绪的快感程度，情绪的复杂程度等。

三、大学生情绪发展的特点

（一）稳定性和波动性并存

大学生普遍具有较高的智力水平和知识素养，具有一定的情绪自控能力，一般能用理智约束冲动，对不良情绪进行自我调适。从总体上来看，大学生情绪和情感是比较稳定的。

但是，大学生的情绪和情感仍有不稳定因素存在，突出表现在情绪和情感经常在两极之间起伏动荡：时而平静，时而激动；时而积极，时而消极；时而肯定，时而否定；时而外显，时而内隐，呈现出波动性的特征。这种波动性是由大学生在生理、心理和社会性三方面发展的特点决定的。

（二）丰富性和复杂性并存

大学生的情绪和情感丰富复杂，表现形式多种多样。首先，大学生的情绪和情感极为丰富，不论在日常生活、学习、交往中，还是从事社会活动时，无不带有浓厚的感情色彩。其次，这些丰富的情感在表现形式上复杂多样，呈现出外显和闭锁、克制和冲动交错的特征。大学生对外部刺激反应迅速、敏感，喜怒哀乐表现得充分而具体，由情绪引起的内心变化与外部表现是一致的，具有外显性特点。如取得了好的成绩、获得了好的评价，高兴之情会溢于言表。但大学生的外部表现与内心体验又并不完全一致，在某些状态下甚至会表现相反。他们有时会有意识地掩饰自己内心的真实感受，如对于一些事物的看法、内心存在的秘密，是说还是不说，是多说还是少说，都会依时间、地点、条件为转移。尤其是在对异性的态度上，明明喜欢某个人，但却有意无意地表现出不关心和冷漠。

（三）情绪的两极性明显

大学生情绪的两极性依然存在，易从一个极端跳到另一个极端，他们易出现高度的兴奋、激动、热情或是极端的发怒、泄气和绝望。他们可能因一时的成功而产生积极的、愉快的情绪体验，甚至骄傲自满，忘乎所以；也可能因一时的挫折、失败而低估自我，甚至悲观失望。如学习成绩的好坏，奖学金、三好学生的评比，与周围同学的关系等，都可能引起他们积极或消极的情绪反应。

（四）情绪表现出一定的理智成分

大学生随着年龄的增长、年级的升高、社会经验和知识的积累，在大学环境的熏陶下，自身素质不断得到提高，情绪的波动性、冲动性减少，表现出一定的理智因素。当不良情绪出现时，能够主动积极地寻找引起不良情绪的原因，进行自我反省，不断调整自己的情绪状态，理智地自我调节与约束，尽可能地减少情绪所带来的消极影响。

第二节　情绪认知及情绪表达

一、情绪认知概述

（一）情绪认知的含义

情绪认知就是能够根据情绪发生的情境进行正确的认知评价，能更好地觉察和认识自我情绪，进而正视和理解自己的情绪，敏锐地体察他人的情绪。有些人在生活中之所以受欢迎，麻烦少，就是因为他们能够敏锐地知觉与评估自己和他人的情绪，并能及时对自己的情绪进行有效的调节和控制。另一些人往往对自己和他人的情绪都不能及时地知觉和了解，这样，在现实生活中就容易制造不快，处处碰壁。情绪认知包括两个方面，一是对自己情绪的认知，二是对他人情绪的敏锐体察。

情绪认知依赖于个体情绪认知线索的知识、情境和情绪表现之间关系的知识、预测情绪反应结果的知识，以及情绪自我控制策略的知识。波克（Borke）在探讨皮亚杰的“自我中心性”概念时较早涉及了情绪认知的研究。他让被试来推测故事人物的情绪体验，这也成为情绪认知研究的基本范式。

科学地对情境客体进行主观评价，进而认识和理解自己的情绪是一个人具有良好情绪认知的基础。要学会利用情感辨析技术，从情绪的发生机制上来认识自我的情绪；利用情境体验法来体验情绪的发生，并更好地觉察和理解情绪。

（二）正常情绪和不良情绪

1．何为正常情绪

到底怎样才算是正常的情绪反应？正常情绪通常符合下列几个条件：第一，它是由适当的原因引起的，该原因并未为当事人所觉知；第二，情绪反应的强度，应和引起它的情境相称；第三，当引起情绪的因素消失之后，反应会视情况而逐渐平复。

需要指出的是，正常的情绪反应并不仅仅包括积极的、愉快的情绪反应，像焦虑、忧愁、恐惧、愤怒等不愉快的情绪，只要适当，也是正常而有益的。个体在适当的焦虑情绪下，大脑和神经系统的张力增加，思考能力亢进，反应速度加快，因而能提高工作效率和学习效果。人们常说："生于忧患，死于安乐"，要"先天下之忧而忧，后天下之乐而乐"，这说明忧愁也有好的一面。过分的恐惧固然反常，但对一切都不知惧怕，也是不正常的。适度的惧怕，可使人们小心警觉，避免危险，预防失败。恐惧可使个体进入紧张激动的应激状态，在这种状态下，肾上腺分泌增加，呼吸、心跳、脉搏加快加强，血压、血糖和血中含氧量升高，血液循环加快，把大量营养输向大脑和肌肉组织，血小板比平时增加很多，因此血液较易凝固，而消化器官的活动将会降低，甚至完全停止，这种应激反应的作用，可使身体有较多的能量，来应付当前的危险。人在发怒时也有类似反应，有些积极的怒气，不但不要遏制，相反还要激发。对坏人坏事就是要敢怒、敢言、敢斗争。麻木不仁、无动于衷是不可取的。

另外，愉快而平稳的情绪能使人的大脑处于最佳活动状态，保证体内各器官系统的活动协调一致，使得食欲旺盛，睡眠安稳，精力充沛，充分发挥有机体的潜能，提高脑力和体力劳动的效率和耐久性。愉快的情绪还能使整个机体的免疫系统和体内化学物质处于平衡状态，从而增强对疾病的抵抗力。据说著名化学家法拉第在年轻时由于工作紧张，神经失调，身体虚弱，久治无效。后来，一位名医给他作了详细检查，没有开药方，只留下一句话："一个小丑进城，胜过一打医生。"法拉第仔细琢磨，觉得有道理。从此以后，他经常抽空去看滑稽戏、马戏和喜剧等，并在紧张的研究工作之后，到野外和海边度假，调剂生活，以保持愉快心境，身体健康状况得到很大改善，为科学事业作出了很大贡献。有调查发现，几乎所有的长寿老人平时都非常愉快，并且长期生活在一个家庭关系亲密、感情融洽、精神上没有压力的环境中。

达观快乐的积极情绪还能使别人更喜欢接近自己，从而有助于建立良好的人际关系。美国心理学家杰·列文甚至认为："会不会笑，是衡量一个人能否对周围环境适应的尺度。"此种说法虽不免有些夸张，但真诚的笑的确能感染别人，消除隔阂。来了陌生的客人，相视一笑，即可握手言欢；打扰或伤害了别人，歉然一笑，便能得到谅解；遇到异国朋友，投之一笑，彼此的心就相通了。一个面孔阴郁、从来不笑的人，很难说心理是健康的。无怪乎莎士比亚说："如果你一天中没有笑一笑，那你这一天就算是白活了。"

2. 何为不良情绪

所谓不良情绪是指两种情形：一是过于强烈的情绪反应；二是持久性的消极

情绪反应。二者对于人的健康和社会适应都是有害的。

（1）过于强烈的情绪反应

人的情绪虽然主要受皮层下中枢支配，但是当这一部分活动过强时，大脑皮层的高级心智活动，如推理、辨别等将受到抑制，使认识范围缩小，不能正确评价自己行动的意义及后果；自制力降低，引起正常行为的误解，并使工作和学习效率降低。国外有人做过这样一个实验：让几个大学生分别独自进入实验室，该室有四个门，其中三个门是锁住的，只有一个门可以打开，实际上只要按顺序将各门试一下，便能很快找到出路。但当实验者将冷水、电击、强光、巨大的噪声等强烈刺激同时加之于被试，使之趋于紧张状态时，好几个被试呈现慌乱现象，不知道按顺序找出路，四面乱跑，已经试过是被锁住的门，会重复地去尝试，显然是被惊吓到了。像这一类因情绪激动而失去理智的现象，在日常生活中是屡见不鲜的。有些学生平时成绩不错，到了考试时，由于过分紧张，成绩反而降低。有些运动员在重大比赛中，也常常因心情紧张而临场发挥不好。过度的神经紧张还可能引起超限抑制，一个人吓得呆住或气得说不出话来就是这种表现。在盛怒之下引起心脏病猝发而突然死亡的事例，在现实中也时有所见。即使高兴的情绪也需要适度，“乐极生悲”并不是耸人听闻。如心肌梗塞患者大笑容易发生意外，重症高血压病人过度兴奋可能诱发脑溢血。

（2）持久性的消极情绪反应

另一种不利的情形是情绪的持久性反应。当人在焦虑、忧愁、悲伤、惊恐、愤怒、痛苦时，会发生一系列生理变化，这是正常现象，当情绪反应结束时，生理方面又将恢复平静。通常此类变化为时短暂，没有什么不良的影响。但若情绪作用的时间延续下去，生理方面的变化也将延长。久而久之，就会通过神经机制和化学机制引起心血管系统、消化系统、泌尿生殖系统、呼吸系统、内分泌系统等的躯体疾病。

有人用动物做了这样一个实验：将A、B两只猴子的身体固定在相邻的铁架上，只让前肢自由活动，下肢均有导线相连，可由一台自动控制的仪器通电给以电击。两只猴子面前各置一张弹簧开关（放松即自动弹回），不同的是A猴面前的开关可用以切断电流，使两猴都解除痛苦，B猴面前的开关虽可操作但无效用。实验开始前，先让猴子学会操纵开关。每次实验时间为6个小时，然后休息6小时。实验中每隔20秒电击一次，在通电之前先亮灯为信号。由于A猴要时刻警觉，每隔20秒操纵一次开关（倘若疏忽，两猴会同时受到电击），因而比“坐以待击”的B猴加倍紧张。实验持续23天后，A猴死亡，经解剖发现其肠胃中已产生溃疡，而B猴的肠胃却安然无恙。

还有学者曾对500多人进行调查分析，结果表明，人们在经历一系列紧张事件后，各种疾病都有所增加。据美国耶鲁大学医学院报告，在所有门诊病人中，由于情绪紧张而患病的占76%。这些病人因为长期陷于某种情绪状态，对那种紧张心情已经习以为常，所以往往把注意力集中到身体的症状上，而不觉得它和情绪有关。

二、情绪表达概述

（一）情绪表达的含义

情绪表达指的是人们用来表现情绪的各种方式，其功能就是纾解情绪，使消极情绪得到缓解。可是，因为我们必须在社会中生存，所以要学习变成一个社会人，情绪表达就必须以不伤害别人、不伤害自己等符合社会规范的方式来表现，否则缓解了原来的消极情绪，却又因为不符合社会规范，遭受到规范执行者的责备或惩罚，而产生更多新的消极情绪，对于情绪的纾解不但没有帮助，还有可能使原有情况恶化。因此，学习符合规范的情绪表达方式，是人类在社会化过程中逐渐习得的能力。

（二）情绪表达的意义

情绪表达对于我们的心理健康起着重要的作用。在一项研究中，参与者要完成一系列有关幸福感的量表，并连续21天记录自己每天的情绪。研究者发现，情绪表达能力高的人群比情绪表达能力低的人群体验到更多的快乐、更少的焦虑和内疚。其他研究者采用相似的研究方法，发现善于表达的人很少有抑郁的倾向，并且有着强烈的自尊体验。然而，因为我们都是现实社会中的一分子，情绪表达必须符合社会规范。

国外已有一系列研究表明，在情绪表达上存在稳定的个体性差异，不同的人有不同的情绪表达偏好。面对负面情绪，不少人会倾向于采取压抑的方式而不敢表现出来。表面上看起来其情绪似乎已经得到了控制，实则不然，一旦情绪水平逼近或超过了警戒线，就可能因为无法控制而采用极端的方式表现和纾解其情绪，造成不可挽回的伤害和痛苦。

情绪表达行为作为情绪的突出外在表现，不仅是个体情绪和社会性发展的重要评价标准之一，还具有适应作用和信号作用等重要功能，情绪表达对于促进人际关系和谐、减少压力、促进心理健康有重要意义。

我们与他人交往时，不论是否面对面，都在不断表达着情绪，同时，也在监视、解释对方的表情。正是这种复杂的、往往无意识的过程，使社会交往十分细腻、深刻。我们的表情向与之交往的人提供着刺激，而对方对此刺激予以反应，做出“应答性”的表情。社会心理学家关心的正是如何在情绪上表达我们自己，以及如何确切地识别他人的表情。识别并非针对表情本身，而是针对它背后的意义。

（三）负面情绪的不同表达产生不同效果

人的情绪就如充气的气球一样，当充到一定程度的时候，就要适当地放气。

倘若此时不但没有放气，反而还不断地充气，气球就会爆裂。特别是当人的负面情绪积聚到一定程度时，个体就会开始出现脾气暴躁、无法适当控制情绪的情形。如果一直恶化下去，情绪就会出现崩溃。

1. 何为负面情绪

负面情绪是人们因某种让自己不满意的生活事件发生之后所产生的不舒服感受，基本上是一种主观的状态，同时也会造成情绪水位。既然造成情绪水位，就必须使之纾解、释放，以免累积在情绪水库之中。压抑累积久了，不仅对自己身心健康不利，有时甚至会伤及他人。负面情绪有很多，其中“愤怒”是比较常见又最容易让人产生攻击性行为的一种。

2. 人们为何会“愤怒”

一些心理学研究者提出，当人们心存不满时，会考虑在此情况下，是直接表现出“愤怒”，还是先不表露、把不满压抑在内心更能有效地降低情境所带来的伤害。如果个体认为表现出愤怒才能让自己感受到掌握情境、有控制感的话，他必定会将冲突外化。由此可知，任何人的情绪表现与他的想法及评估息息相关，而这些想法往往是要帮助个人避免失去“控制感”。因为一旦失去了控制感，个人想要达成的目标就有所阻碍，这会使人产生挫折感，而只要挫折感升高，攻击行为发生的可能性便会增加。总之，愤怒最主要的两种原因是低挫折忍耐力和自

我价值受到威胁。

当然，心中有“气”就应该适当宣泄出来，这样内心才能重获平衡。只是，常见动怒的人因表达愤怒的方式不当，不得不为自己发泄怒气的行径善后，如得罪人、阻碍事情的进度、失去朋友或信用等，因此，发泄愤怒还得视状况而定，不然一吐胸中不快后，反而会制造出新的问题来。所以，了解情绪表达，掌握恰当的情绪表达方式是很有必要的。

第三节　大学生情绪的自我管理

一、情绪管理的含义

情绪管理就是善于掌握自我，善于调节情绪，对生活中矛盾和事件引起的反应能适可而止地排解，能以乐观的态度、幽默的情趣及时地缓解消极情绪（如自卑、厌烦、紧张、急躁、忧虑、沮丧、冷漠、消沉、嫉妒、抑郁、悲观、孤独、焦虑、恐惧、愤怒、憎恨、生气等）。

二、日常情绪的管理

（一）了解情绪调节的原理

1. 情绪与认知

美国临床心理学家埃利斯（A. Ellis）的“理性情绪疗法”在心理治疗领域

享有很高的知名度，其“认知—行为”取向的色彩也特别突出。他认为人的情绪来自人对所遭遇事件的信念、评价、解释或哲学观点，而非来自事件本身。情绪和行为受制于认知，认知是人心理活动的“牛鼻子”，把认知这个“牛鼻子”拉正了，情绪和行为的困扰就会在很大程度上得到改善。

情绪不是由某一诱发性事件本身所引起的，而是由经历了这一事件的个体对这一事件的解释和评价所引起的。故这一理论被概括为 ABC 理论，A 代表诱发事件（activating events）；B 代表信念（beliefs），是指人对 A 的信念、认知、评价或看法；C 代表结果即症状（consequences）。埃利斯认为并非诱发事件 A 直接引起症状 C，A 与 C 之间还有中介因素在起作用，这个中介因素是人对 A 的信念、认知、评价或看法，即信念 B。埃利斯认为人极少能够纯粹客观地知觉经验 A，总是带着或根据大量的已有信念、期待、价值观、意愿、欲求、动机、偏好等来经验 A。因此，对 A 的经验总是主观的，因人而异的，同样的 A 在不同的人会引起不同的 C，主要是因为他们的信念有差别，即 B 不同。换言之，事件本身的刺激情境并非引起情绪反应的直接原因。个人对刺激情境的认知解释和评价才是引起情绪反应的直接原因。

在 ABC 理论中，D 代表批判（disputing），通过 D 来影响 B，认识偏差纠正了，情绪和行为困扰就会在很大程度上解除或减轻，最后达到效果 E（effects），使负性情绪得到纠正。理性情绪治疗就是要帮助个体改变极端的思维方式，而代之以合理的思维方式，以减少他们陷入情绪障碍的可能性。

2. 不合理信念的产生

对于人们所持有的不合理信念，韦斯勒（Wessler）等人曾总结出下列三个特征：绝对化的要求（demandingness）、过分概括化（overgeneralization）和糟糕至极（awflizing）。

绝对化的要求这一特征在各种不合理的信念中是最常见的，指人们以自己的意愿为出发点对某一事物怀有认为其必定会发生或不会发生之类的信念。这种信念通常是与“必须”和“应该”这类字眼联系在一起的。比如“我必须获得成功”，“别人必须很好地对待我”，“生活应该是很容易的”，等等。怀有这种信念的人极易陷入情绪困扰。因为客观事物的发生和发展都是有一定规律的，不可能按某一个人的意志去运转。对于某个具体的人来说，他不可能在每一件事情上都获得成功，他周围的人和事物的表现和发展也不会以他的意志为转移。因此当某些事物的发生与其对事物的绝对化要求相悖时，他们就会感到难以接受、难以适应并陷入情绪困扰。

3. 情绪与个人的特质

情绪与个人的特质有关，此种特质来自两方面：一是先天的遗传，二是后天的环境熏陶。前者影响个人的身心与成熟度，使得情绪的表达有所差别；后者包括家庭、教育、社会、文化、风俗习惯、社区、人际关系等，都会影响个人的情绪。其中认知能力尤为关键，它又与个人的教育程度密不可分。一个受过高等教育的人，不能说他没有情绪，一般而言，他不会像一个目不识丁者或教育程度较低者那样容易情绪外露，但也有例外的。

（二）控制自己的情绪

在现实生活中，很多事情会让人们出现各种各样的情绪表现。喜怒哀乐是所有人都会有的，但是凡事都讲究“度”，关键是我们如何把自己的情绪控制在正常的“度”之内。

1．愉快情绪的培养

保持好心情是每个人的愿望，愉快稳定的情绪是身心健康的重要心理条件。抑郁不安的情绪有可能会导致身体疾病。培养良好情绪对增强身心健康、防治疾病是很重要的。所以，要真正合理有效地调节情绪，从正面培养积极、愉快的情绪很有必要。下面介绍一些培养愉快情绪的方法。

（1）有积极的生活目标

如果你在生活中总能找到为之奋斗的生活目标，并且有自信、向上的态度，那么你会发现你的生活更容易变得愉快而有意义。情绪稳定、乐观积极、富有事业心、热爱工作的人，在完成一件有意义的工作后，就会体验到满足感与成功感，这种情感有益于身心健康。而对生活没有兴趣的人，整日患得患失，怨天尤人，就会情绪苦闷。

（2）建立良好的人际关系

人与人之间的关系最易引起人的情绪变化。人与人之间关系友好，引起满意的愉快的情绪反应，使人心情舒畅，有利于身心健康。人与人之间关系紧张，引起不满意、不愉快的情绪反应，使人心情抑郁不快，不利于身心健康。当然，好的人际关系是需要你耐心地不断寻找、细心栽培并时时浇灌的。请记住，总期望让别人给予、不懂得付出的人往往是很难体会到幸福感的，在人际交往中，有付出才会有快乐。

（3）善于倾诉和表达积极情绪

要善于把你的快乐和不快适时向人倾诉，积极情绪的表达很重要，学会微笑看待周围的一切，并与人分享你的快乐体验会让你长时间保持好的心境。

（4）学会总结和寻找快乐体验

快乐作家安德鲁·马修斯（A. Mattheus）每天做的第一件事，是对镜子说“生命不是完美的，但在未来的 24 小时，我选择让自己快乐”。这个习惯从 十几年前开始，就如每天早晨起来刷牙、洗脸一样，风雨不改。如果我们能养成不断寻觅、总结快乐体验的习惯，积极情绪就会在不断强化中逐渐累积，你会越来越满足于自己拥有的，发现“原来我可以更快乐一些”，从而使精神活跃、心理轻松，身心也因此而受益。

（5）身体健康是快乐的源泉

人的情绪与身体健康有密切关系。一个人身体健康，往往精力充沛、心情开朗。一个人长期疾病缠身，容易引起忧郁的心情。中医提出的“因病而致郁”就是对久病或重病易产生情绪抑郁的生动概括。因此，积极锻炼身体、合理安排生活、适当睡眠是情绪饱满与安定的基础。

2. 不良情绪的调节

到底怎样调节不良情绪呢？以下提供几种方法供大家参考。

（1）学会觉察

时时提醒自己注意“我现在的情绪是什么”。例如：当你因为朋友约会迟到而对他冷言冷语，问问自己：“我为什么这么做？我现在有什么感觉？”如果你察觉你已对朋友三番两次的迟到感到生气，就可以对自己的生气作更好的处理。有许多人认为负面情绪是不好的，所以不肯承认自己有负面情绪，要知道，人一定会有情绪，压抑情绪反而带来更不好的结果，学着觉察自己的情绪是情绪管理的第一步。

（2）善于控制

并非只要有消极情绪就是不好的，但强度过高或持续时间过长的消极情绪对身心健康都会有伤害。情绪是受人的意识和意志控制的。因此，人都要主动地控制自己的情绪，善于驾驭自己的情绪。任意放纵消极情绪滋长，经常发怒，将导致情绪失调，引起疾病。

要控制情绪，首先必须承认某种情绪的存在；其次要弄清产生该种情绪的原因；最后对于使人不愉快的挫折情境要寻求适当的途径去克服它或是躲开它。以下提供几种途径供大家参考。

①理智

在挫折面前，人应当对事物进行理性认识，以此来控制个人的情绪。当忍不住要动怒时，要冷静审时度势，检讨反省，以决定发怒是否合理、发怒的后果，以及有无其他较为适当的解决办法，经过如此“三思”，便能消除或减轻心理紧张，使情绪渐趋平复。具有辩证观点的人往往是比较理智的，很多表面看去令人悲伤的事件，如果从另外一个角度去看，常可发现些正面的积极的意义。“塞翁失马，焉知非福”，坏事、好事是可以转化的。与人发生争执时，倘能设身处地地站在对方的立场上想一想，可能就会心平气和了。

②转移

在发生情绪反应时，头脑中有一个较强的兴奋灶，此时如果另外建立一个或几个新的兴奋灶，便可抵消或冲淡原来的优势中心。当火气上涌时，有意识地转移话题或做点别的事情来分散注意力，便可使情绪得到缓解。在余怒未消时，可以用看电影、听音乐、下棋、打球、散步等正当而有意义的活动，使紧张情绪松弛下来。有的人生起气来拼命干活，这既是一种转移，也是一种宣泄，不失为一种行之有效的制怒方法。但此时需提醒他注意安全，因为在激怒情况下，动作往往不够准确协调。

③幽默

幽默是精神的消毒剂，是有助于个人适应的工具。当一个人发现一种不协调的或对自己不利的现象时，为了不使自己陷入激动状态和被动局面，最好的办法是以超然洒脱的态度去应付。此时，一个得体的幽默往往可以使本来紧张的情况变得比较轻松，使窘迫的场面在笑语中消逝，使愤怒、不安的情绪得以缓解。善于幽默的人，不开庸俗的玩笑，更不随便拿别人开心，而是以机智的头脑、渊博的学识，巧妙诙谐地揭露事物的不合理成分，既一语中的，又容易使人接受。在一些非原则性问题上，宁可自我嘲解，也不去刺激对方、激化矛盾。

④升华

将不为社会所认可的动机或欲望导向比较崇高的方向，使其具有创造性、建设性，叫做升华。这是对情绪的一种较高水平的宣泄，是将情绪激起的能量引导到对人、对己、对社会都有利的方面去。据说歌德年轻时，曾遭受失恋的痛苦，几次想自杀，但他经过努力终于控制住了自己的情绪，把自己破灭的爱情作为素材，写出了震撼欧洲的名著《少年维特之烦恼》。

遇到不公平的事情，一味地生气、憋气，或颓唐、绝望，都是无济于事的，做出违反法律的报复行为更是下策，是在用别人的错误惩罚自己。正确的态度应该是有志气、争口气，将挫折变成动力，做生活中的强者。

⑤放松

通过训练，人们还可以用自我调整法来放松情绪。即按一套特定的程序，以机体的一些随意反应去改善机体的一些非随意反应，用心理过程来影响生理过程，从而达到松弛入静的效果，使紧张和焦虑的情绪得以解除。我国的气功、印度的瑜珈、日本的禅宗等均属此类训练。

（3）适当表达

例如朋友约会迟到了，你之所以生气可能是因为担心他，在这种情况下，你可以婉转地告诉他：“你过了约定的时间还没到，我很担心你在路上发生意外”，这样你就传达给他“我很担心”的感觉，让他了解他的迟到会带给你什么感受。相反，当你指责他“每次约会都迟到，你为什么都不考虑我的感觉”时，则可能会引起他负面的情绪，他会变成一只刺猬，忙着防御外来的攻击，没有办法站在你的立场为你着想，他的反应可能是：“路上塞车嘛！有什么办法，你以为我不想准时吗?”如此一来，两人开始争吵，就别提什么愉快的约会了。后面这种表达显然是很不恰当的。如何适当表达情绪是一门艺术，需要用心体会和揣摩，更重要的是，要用在实际生活中。

（4）合理宣泄

要善于把心中的积郁倾吐出来，使情绪获得适当表现的机会。如果心理上的冲突引起情绪变化，长期压抑在心中，就可能影响神经系统的功能而引起疾病。当情绪产生时，人体内潜藏着一股能量，须借情绪的发泄来加以释放，否则积聚起来，将有害身心。如果我们的情绪表达经常受到压抑，便易引起身心疾病。在身体上常见的有胃病、高血压和心脏病等；在心理上常见的是心理紧张、神经症以及精神病。

情绪上所受的抑制太多，或所受的心理压力太大，还能引起心智障碍，影响记忆、思维等心智活动的效应。如家庭或学校的气氛过于严肃，加之于儿童的限制太多，或对他们的好奇心不给予满足，都会导致“心智的僵固”，有碍智能的发展和创造性的发挥。一个在情绪上受到过多限制的人，个性通常不够开朗，而且可能产生不合作、不合群，甚至反群和反抗权威的行为，这自然会使他在社会适应和人际关系方面大受影响。

情绪的宣泄有直接和间接两种方式。直接的宣泄就是直接针对引发情绪的刺激来表达情绪。当直接发泄对于别人或自己不利时，则可用间接发泄使情绪找到出路。

情绪苦闷的时候，找朋友谈心，倾吐心中抑郁，心情就会平静些。当然倾诉的方式有多种，写信、写日记、写微博等有时也是一种很好的倾诉方式。心中有了不平之事，可以向组织和领导汇报，向周围同事倾诉，并接受他人的批评，通过自己感情的充分表露从外界得到的反馈，将增加自我认识而改变不适当的行为。与人闹了矛盾，要开诚布公地与对方交换意见，化解矛盾，消除误会，千万不要让怒气积压在胸中。

万不得已，在至亲好友面前大哭一场，述说心中的委屈痛苦，得到安慰和同情，心里也会好过一些。痛哭本身作为纯真的感情爆发，是人的一种保护性反应，是释放积聚能量、排出体内毒素、调整机体平衡的一种方式。好比洪水暴涨，水库即将决堤，打开溢洪道，便可避免一场灭顶之灾。

体育锻炼和文化娱乐活动也是消除心中郁结、宣泄情绪的好方法。

情绪应该宣泄，但宣泄必须合理。有的人不分时间、地点、场合，对着引起自己不快的对象大发雷霆，甚至采取违反道德和法律的攻击行动，这种直接发泄常常引起不良后果。还有的人将不良情绪胡发乱泄，迁怒于人，找替罪羊。如在工作中不顺心的丈夫回家拿老婆孩子出气，在爱情上受到挫折的服务员把火发在顾客身上。还有的人，不管什么事，只要不合自己的意，便发牢骚、讲怪话，以此发泄不满情绪。这些泄愤方法不但于事无补，而且会影响团结，妨碍工作，因而是不可取的。

总之，宣泄情绪的方法很多。有些人会痛哭一场；有些人找三五好友诉苦一番；另一些人会逛街、听音乐、散步或逼自己做别的事情以免老想起不愉快；不可取的方式是酗酒、吸烟、吸毒，甚至自杀。要提醒各位的是，宣泄情绪的目的在于给自己一个理清想法的机会，让自己好过一点，也让自己更有能量去面对未来。如果宣泄情绪的方式只是暂时逃避痛苦，而后需承受更多的痛苦，这就不是一个合适的方式。有了不舒服的感觉，要勇敢地面对，仔细想想为什么这么难过、生气？我可以怎么做，将来才不会再重蹈覆辙？怎么做可以减少我的不愉快？这么做会不会带来更大的伤害？从这几个角度去选择适合自己且能有效宣泄情绪的方式，你就能够控制情绪，而不是让情绪来控制你。

三、预防情绪障碍

除了管理好日常情绪，我们还需要了解两种最常见的情绪障碍——焦虑和抑郁。心理学家一直只注意理智的人，人们的原始感情冲动却被忽视或压抑，从而低估了情绪的作用。伊扎德（C. Izard）提出，人类对于情绪的理解和控制程度，决定着文明是否进步。过分的唯理智论和忽略情绪，将导致神经症、精神病。在异常行为中，情绪的作用在焦虑和抑郁两个方面最为明显。

（一）认识焦虑

1．焦虑和焦虑症

焦虑情绪是一种混合着特殊心理体验和生理反应的情绪，心理体验主要表现为担忧、害怕、焦灼不安，生理反应主要是一系列与植物神经活动特别是交感神经兴奋相联系的活动异常，如心跳加快、血压增高、呼吸改变、出汗等。焦虑症是以广泛和持续性焦虑或反复发作的惊恐不安为主要特征的神经症性障碍，病者的焦虑与惊恐并非由实际威胁或危险所引起，或其紧张不安与惊恐程度与现实处境不相称。

2．焦虑症的临床表现

身体症状：表现为交感神经过度兴奋的症状和运动性不安，如头痛、头晕、耳鸣、心慌、胸闷气短、窒息感、出汗、口干、吞咽哽噎感、食欲不振、腹胀、腹部隐痛、恶心呕吐、尿频尿急、肌肉疼痛、紧张、无力疲乏、震颤、睡眠障碍、阳痿、早泄、性欲缺乏、月经紊乱等。

精神症状：主要是一种难以言表的紧张感，混合着担心着急、坐立不安、提心吊胆、惶恐不安等成分，有时表现为易激惹（易怒）、心烦意乱、悸动、惊跳、怕黑、怕吵、不能忍受普通强度的噪声、踱来踱去、搓手顿足，有大祸临头、末日将至之感，注意力难集中、记忆力下降。

3．焦虑症的主要特征

（1）惶恐不安：感到危险迫在眉睫，不幸即将来临，故惶惶不可终日。患者往往缺乏安全感，感到身处险境，迫不及待地追求安全确定。

（2）自我失控：感到自我失去控制，好像就要发疯，或即将会死去，或即将失去理智，伴有强烈的恐惧感。

（3）自我怀疑：觉得自己什么都拿不准，难以把握，怀疑自己的工作能力，常犹豫不决、无所适从。

（4）自我虐待：有明显的自我折磨、自我虐待倾向，患者往往要求家人或医生重视自己，自己却在不断地虐待自己。

（5）高度警戒：好像面临紧急处境而高度警戒，心跳加快，肌肉紧张，或战或逃随时准备抉择，对外界信息输入特别敏感，尤其怕噪声，普通强度的谈话声或脚步声都会令其难以忍受。

（6）高度关注：对自身的身体变化高度关注而易产生疑病观念。对外人的表情态度高度专注而易产生敌对和攻击的解释，两者均可导致过分的冥想，产生内向性思维。

（7）高度疲乏：因长时间高度戒备，精神及躯体均严重耗竭，很多病人会感到高度的疲乏。

（8）无能为力：感到自己在处理个人事务上无能为力，对自己躯体与精神上的痛苦体验无力改变，凡事穷思竭虑且无力摆脱；自觉危险与不幸即将降临，无力回避。

（9）无法自拔：陷于自我怀疑，沉溺于内心活动或身体感受之中不能自拔，凡事总往坏处想，不能自制。

（10）“无病呻吟”患者没有相关的躯体疾病证据而有诸多内感不适，各项检查阴性的躯体化症状使家人百思不得其解，容易引起家人误会，以为是诈病、无中生有，从而减少对病人的支持与关爱。

4．焦虑症的测量

焦虑自评量表（SAS）是由 Zung 编制的，用于评估焦虑的轻重程度及其在治疗中的变化，适用于具有焦虑症状的成年人。该量表的题目设置如下。

焦虑自评量表

根据你最近一周的感觉，在适当的选项上画一个勾。

1．觉得比平常容易紧张和着急

A．没有或很少时间　　B．小部分时间

C．相当多时间　　D．绝大部分或全部时间

2．我无缘无故地感到害怕

A．没有或很少时间　　B．小部分时间

C．相当多时间　　D．绝大部分或全部时间

3. 我容易心里烦乱或觉得惊恐
A. 没有或很少时间　　B. 小部分时间
C. 相当多时间　　D. 绝大部分或全部时间

4. 我觉得我可能将要发疯
A. 没有或很少时间　　B. 小部分时间
C. 相当多时间　　D. 绝大部分或全部时间

5. 我觉得一切都很糟，即将有不幸的事要发生
A. 没有或很少时间　　B. 小部分时间
C. 相当多时间　　D. 绝大部分或全部时间

6. 我手脚发抖打颤
A. 没有或很少时间　　B. 小部分时间
C. 相当多时间　　D. 绝大部分或全部时间

7. 我因为头痛、颈痛和背痛而苦恼
A. 没有或很少时间　　B. 小部分时间
C. 相当多时间　　D. 绝大部分或全部时间

8. 我感觉容易衰弱和疲乏
A. 没有或很少时间　　B. 小部分时间
C. 相当多时间　　D. 绝大部分或全部时间

9. 我感到很难心平气和，并且不容易安静坐着
A. 没有或很少时间　　B. 小部分时间
C. 相当多时间　　D. 绝大部分或全部时间

10. 我觉得心跳得很快
A. 没有或很少时间　　B. 小部分时间
C. 相当多时间　　D. 绝大部分或全部时间

11. 我因为一阵阵头晕而苦恼
A. 没有或很少时间　　B. 小部分时间
C. 相当多时间　　D. 绝大部分或全部时间

12. 我有晕倒发作，或觉得要晕倒似的
A. 没有或很少时间　　B. 小部分时间
C. 相当多时间　　D. 绝大部分或全部时间

13. 我吸气呼气都感到很困难
A. 没有或很少时间　　B. 小部分时间
C. 相当多时间　　D. 绝大部分或全部时间

14. 我的手脚麻木和刺痛
A. 没有或很少时间　　B. 小部分时间

C. 相当多时间　　D. 绝大部分或全部时间

15. 我因为胃痛和消化不良而苦恼

A. 没有或很少时间　　B. 小部分时间

C. 相当多时间　　D. 绝大部分或全部时间

16. 我常常要小便

A. 没有或很少时间　　B. 小部分时间

C. 相当多时间　　D. 绝大部分或全部时间

17. 我的手常常是湿润冰冷的

A. 没有或很少时间　　B. 小部分时间

C. 相当多时间　　D. 绝大部分或全部时间

18. 我的脸发红发热

A. 没有或很少时间　　B. 小部分时间

C. 相当多时间　　D. 绝大部分或全部时间

19. 我难以入睡并且睡眠质量下降

A. 没有或很少时间　　B. 小部分时间

C. 相当多时间　　D. 绝大部分或全部时间

20. 我做噩梦

A. 没有或很少时间　　B. 小部分时间

C. 相当多时间　　D. 绝大部分或全部时间

5. 焦虑症的成因

关于焦虑症的成因和机理有不同说法，有的强调遗传和人格特征的作用，有的强调内在心理冲突，有的则认为是不当学习和认知的结果。

6. 焦虑症的预防与治疗

焦虑症有惊恐障碍和广泛性焦虑两种主要的临床形式，其治疗主要采用心理治疗，但辅助药物治疗也有重要作用，可供选择的药物有：

（1）三环类抑郁药：丙咪嗪、多虑平、氯丙咪嗪、阿米替林。

（2）四环类抑郁药：麦普替林。

（3）单胺氧化酶抑制剂：苯乙肼。

（4）苯二氮卓类：阿普唑仑。

另外，心理治疗除一般支持性措施外，行为放松法如放松训练、脱敏疗法等也有很好的疗效。

（二）认识抑郁

1. 抑郁和抑郁症

抑郁是一种特殊的心境，它是低沉、灰暗的情感基调，可从轻度心情烦闷、消沉、郁郁寡欢、状态不佳、心烦意乱、苦恼、忧伤到悲观、绝望。病人常觉得生活没有意思，高兴不起来，心情沉重，提不起精神，做事缺乏动力，对外界的兴趣减退或消失，自信心下降。抑郁症是一种以持久的心情低落为特征的神经症。

2. 抑郁症的临床表现和特征

很多抑郁症病人整日忧心忡忡、胡思乱想、郁郁寡欢、度日如年、痛苦难熬、不能自拔、思维变迟钝甚至动作变迟缓。有时可有自杀的念头或行动，应予重视。在抑郁心境的背景上可出现焦虑、激越症状——病人表情紧张、局促不安、惶惶不可终日，或不停地来回踱步、搓手、揪头发、漫无目的地摸索，这种病人特别容易自杀，应严加防范。患者的症状归纳起来，主要有以下五种表现。

（1）坦途无悦。面对达到的目标、实现的理想、一帆风顺的坦途，患者并无喜悦之情，反而感到忧伤和痛苦。如面对职位升迁却愁眉苦脸、心事重重，想打退堂鼓。

（2）似病非病。患者不会表述情感问题或表述模糊，只说身体上的某些不适，如头痛头昏等；有的用手捂着胸，说呼吸困难；有的说嗓子里好像有东西，影响吞咽。他们的“病”似乎很重，呈慢性化，或反复发作，但做了诸多医学检查，又没发现什么问题，吃了许多药，“病”仍无好转迹象。

（3）不良暗示。主要表现在两个方面：一是潜意识层的，会导致生理障碍。如患者一到工作单位，就感觉头晕、恶心、腹痛、肢体无力等，当离开这个特定环境，回到家中，一切又都恢复正常。另一种是意识层的，专往负面去猜测。如患者自认为别人都瞧不起自己，自认为某些做法是一种错误，甚至是罪过，给别人造成了麻烦；担心自己的病可能是“精神病”等。

（4）要换环境。可能在单位发生过一些矛盾，或者根本就没什么原因，患者便深感所处环境的重重压力，经常心烦意乱，郁郁寡欢，不能安心工作，迫切要求想办法，调换岗位或工作单位等。当真的到了一个新的地方，患者的状态并没有随之好转，反而会另找理由和借口，还是认为环境不尽如人意，反复要求改变。

（5）自杀行为。重症患者利用各种方式自杀。对自杀未果者，如果只抢救生命，未对其进行抗抑郁治疗（包括心理治疗），患者仍会重复自杀。因为这类自杀是有心理病理因素和生物化学因素的，患者并非心甘情愿地想死，而是被疾病因素所左右，身不由己。

3. 抑郁症的测量

抑郁自评量表（SDS）也是由 Zung 编制的，用于衡量抑郁状态的轻重程度及其在治疗中的变化。其题目设置如下。

抑郁自评量表

根据你最近一周的感觉，在适当的选项上画一个勾。

1. 我感到情绪沮丧、郁闷
   A. 没有或很少时间　　B. 小部分时间
   C. 相当多时间　　D. 绝大部分或全部时间
2. 我觉得一天中早晨最差
   A. 没有或很少时间　　B. 小部分时间
   C. 相当多时间　　D. 绝大部分或全部时间
3. 我一阵阵哭出来或觉得想哭
   A. 没有或很少时间　　B. 小部分时间
   C. 相当多时间　　D. 绝大部分或全部时间
4. 我晚上睡眠不好
   A. 没有或很少时间　　B. 小部分时间
   C. 相当多时间　　D. 绝大部分或全部时间
5. 我吃得比平常少
   A. 没有或很少时间　　B. 小部分时间
   C. 相当多时间　　D. 绝大部分或全部时间
6. 我对与异性亲密接触的兴趣减退
   A. 没有或很少时间　　B. 小部分时间
   C. 相当多时间　　D. 绝大部分或全部时间
7. 我发觉我的体重在下降
   A. 没有或很少时间　　B. 小部分时间
   C. 相当多时间　　D. 绝大部分或全部时间
8. 我有便秘的苦恼
   A. 没有或很少时间　　B. 小部分时间
   C. 相当多时间　　D. 绝大部分或全部时间
9. 我心跳比平常快
   A. 没有或很少时间　　B. 小部分时间
   C. 相当多时间　　D. 绝大部分或全部时间
10. 我无缘无故地感到疲乏
    A. 没有或很少时间　　B. 小部分时间
    C. 相当多时间　　D. 绝大部分或全部时间
11. 我的头脑思考问题比以往困难
    A. 没有或很少时间　　B. 小部分时间
    C. 相当多时间　　D. 绝大部分或全部时间

12. 我觉得原来经常做的事情现在变得困难起来
    A. 没有或很少时间　　B. 小部分时间
    C. 相当多时间　　D. 绝大部分或全部时间
13. 我觉得不安而平静不下来
    A. 没有或很少时间　　B. 小部分时间
    C. 相当多时间　　D. 绝大部分或全部时间
14. 我对将来不抱有希望
    A. 没有或很少时间　　B. 小部分时间
    C. 相当多时间　　D. 绝大部分或全部时间
15. 我比平常容易生气激动
    A. 没有或很少时间　　B. 小部分时间
    C. 相当多时间　　D. 绝大部分或全部时间
16. 我觉得作出决定是不容易的
    A. 没有或很少时间　　B. 小部分时间
    C. 相当多时间　　D. 绝大部分或全部时间
17. 我觉得自己是个无用的人，没人需要我
    A. 没有或很少时间　　B. 小部分时间
    C. 相当多时间　　D. 绝大部分或全部时间
18. 我的生活过得没有意思
    A. 没有或很少时间　　B. 小部分时间
    C. 相当多时间　　D. 绝大部分或全部时间
19. 我认为如果我死了别人会生活得好些
    A. 没有或很少时间　　B. 小部分时间
    C. 相当多时间　　D. 绝大部分或全部时间
20. 平常感兴趣的事我现在不感兴趣了
    A. 没有或很少时间　　B. 小部分时间
    C. 相当多时间　　D. 绝大部分或全部时间

4. 抑郁症的成因

抑郁性神经症的致病因素一般来说与负面生活事件的刺激或压力以及人格特征有关，即在抑郁性质的人格基础上由负面事件引发，又由于人格特征的作用使得病情迁延不愈。

5. 抑郁症的预防与治疗

治疗目标通常以消除郁闷苦恼、恢复心理功能（包括注意、记忆、思考、判断、作出决定等）和社会功能（如上学、上班、家务、社交等）、减少复发为主

要目标。

对抑郁症的治疗，应以抗抑郁药物与心理治疗并重为原则，单纯靠药物或靠心理咨询都是不正确的。当药物治疗缓解改善了病情后，再配合心理治疗，会使患者认识病症，改变认知，完善人格，增强应对困难和挫折的能力与自信。只有这样，才能达到根治的目的。

第四节 阴阳辩证辅导的理论与方法

阴阳辩证辅导亦称阴阳辩证疗法，是由郑日昌创立的一种积极心理辅导的理论和方法。郑日昌从事心理辅导、心理咨询工作几十年，目睹许多人为形形色色的问题而苦恼，甚至为一点小事耿耿于怀，或行凶报复危害社会，或自寻短见走向绝路，或抑郁成疾痛苦不堪。人们常常劝人遇事想开点，但有心理障碍的人恰恰喜欢钻牛角尖，不懂得如何想开点。经过多年实践探索，郑日昌将现代西方心理学中的认知疗法与中国古代阴阳辩证思想结合，于 20 世纪 90 年代创立了具有东方和中国本土特色的阴阳辩证治疗的系统理论及一整套操作性极强的辅导方法，在临床工作中取得了很好的效果，使无数焦虑抑郁、悲观绝望者摆脱困扰和痛苦，重现阳光心态。

一、阴阳辩证辅导的理论缘起

阴阳辩证辅导的理论既借鉴了西方的认知疗法、人本疗法和后现代建构主义哲学，又整合了中国古代太极图中的阴阳理论及当代中国一分为二与合二为一的辩证法思想。

（一）认知疗法

认知疗法兴起于 20 世纪 50 年代，以埃利斯的理性情绪疗法为标志。

认知疗法的起源可以追溯到公元一世纪哲学家埃皮克提图（Epictetus）“人并不是被某个事件所困扰，而是被自己对于这个事件的看法所困扰”的著名论断，这是当代理性情绪疗法的哲学基础。其基本假设是：我们的情绪主要来自于我们的信念、评价和解释。通过咨询过程，来访者学到一些驳斥非理性信念的方法，用有效的、理性的认知来取代无效的非理性的认知，从而促成不良情绪和行为反应的改变。1962 年埃利斯总结了通常会导致神经症症状的 11 种信念，20 世纪 70 年代后又进一步把这些不合理信念归纳为对自己、对他人、对环境及事物的绝对化要求。但此种归纳并未对不合理信念的特点作出完整准确概括。

理性情绪疗法主要强调与不合理信念辩论，咨询师会质问来访者一些问题，帮助来访者改变不合理的信念。至于这些信念为什么不合理，怎样才能做到合理，却很难给予完满解答。

除上述局限外，埃利斯认为通情、咨询师的关怀等并不是有效咨询的必要因素，但是我们很难想象在没有通情和关怀的情况下会产生有效的咨询。

（二）人本疗法

人本疗法的倡导者罗杰斯认为，只要给来访者提供一种最佳的心理环境或心理氛围，他们就会动员起自身的资源去进行自我理解，产生自我指导行为，并最终达到心理健康的水平。他提出真诚、通情、无条件积极关注是心理咨询有效的必要条件。

真诚（genuineness）指咨询师表里如一，言行一致。只有咨询师的认识、情感、行为三者统一，才会导致和谐融洽的咨询关系。

通情（empathy）又称做共情、同感、同理心，是指咨询师深入理解并能设身处地、感同身受地体会来访者的内心世界。

无条件积极关注（unconditional positive regard）是指咨询师要无条件地接纳和尊重每位来访者，多关注积极因素，正向地看待来访者的一切。

（三）建构主义

自20世纪70年代以来，建构主义（constructionism）哲学成为西方后现代思潮的主要流派。建构主义认为我们的知识并不是对真实世界原状的准确反映，而是我们自己或社会用语言建构出来的，真理存在于我们的语言和文化之中。既然知识和真理都是人创造出来的，因此必然是主观的、相对的，不存在绝对的、超时空的永恒真理。

在建构主义思潮影响下，心理治疗完全被看做是一种语言的艺术。一个人的问题是自己在用语言解释经验的过程中建构出来的，经由不断重复，对问题的叙说逐渐稳固为“真实”，于是陷入了自己所构造出来的现实里。这就是说，问题只存在于求治者有问题的叙说或语言中，咨询师的任务不是将自己的所谓理性或正确认知强加给来访者，而是引导来访者将目前对生命经验或问题的说法转变为另一种有助于问题解决的说法。

（四）太极阴阳理论

中国古代的太极图（见图7－1）看似简单，实则博大精深，是对宇宙、物质、生命和精神世界本质的高度概括。

图中黑色代表阴，白色代表阳，寓意世界上任何事物都是个复杂的系统。小至基本粒子，大至宇宙天体，从微观到宏观，从物质到精神，均是由无数方位和无限层次的阴阳组成的对立统一体。

图中白里有黑，黑里有白，寓意无论阴还是阳，都不是纯粹的单一成分，而是你中有我，我中有你。世界上的人和事，无不好中有坏，坏中有好，得中有失，失中有得，假中有真，真中有假。

图中黑白两部分，酷似两条游动的鱼，寓意阴阳在相互矛盾冲突的运动中此长彼消，而其中的两个小圆，则代表与外部条件相呼应、作为变化依据的内因。

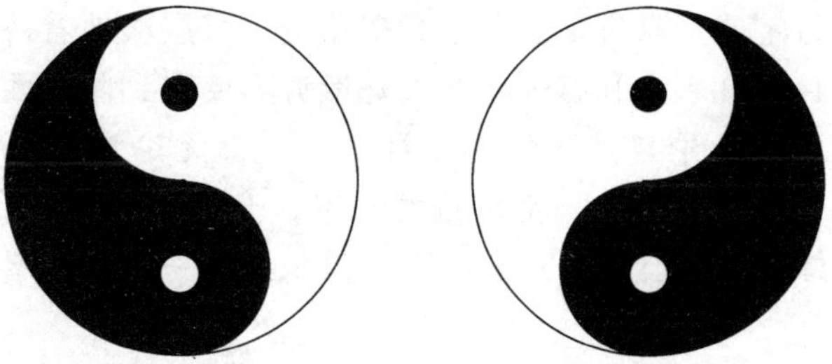

图 7-1　太极图

图中黑白交界的 S 线代表阴阳的交互作用和动态平衡。

概而言之，万事万物，皆有阴阳；阳中有阴，阴中有阳；阴阳互动，相反相成。阴阳图的这三点寓意，恰与辩证法思想完全吻合。

（五）一分为二哲学

20 世纪五六十年代，毛泽东用“事物都是一分为二的”的名言对辩证法作了精辟概括，不久，著名哲学家杨献珍又用“事物都是合二为一的”的论断作了重要补充。其实若将两句话合起来则更加完整准确。事物既是一分为二的，又是合二为一的，这就是辩证法的核心——对立统一规律。

一个人既有优点又有缺点，这是一分为二；优点缺点合二为一，才是一个完整的人。世界上有无产阶级和资产阶级、社会主义和资本主义，这是一分为二；两个阶级、两个主义合二为一才构成了当代人类社会，在现阶段双方必须和平共处、共同发展。

“一分为二”与“合二为一”是对阴阳辩证理论的高度概括和形象表述，既方便记忆又通俗易懂，十分有利于在广大群众中普及辩证法思想。

二、阴阳辩证辅导的基本原理

阴阳辩证辅导的基本原理是将上述几种理论整合起来，以人本为前提，与来访者建立良好关系，在此基础上辅导来访者学习掌握阴阳辩证的思维方式，逐步养成阴阳辩证的思维习惯，既一分为二又合二为一地看待一切事物，对人、对己、对事多看积极方面，往好处去想，往好处去说，改变认知结构，重建积极人生经验，从而摆脱心理困扰。

（一）太极三论

阴阳辩证辅导的核心理论是太极图三点寓意提示给我们的三论，即全面论、相对论、发展论。

1．全面论

太极图的寓意之一是万事万物皆有阴阳，提示我们看待任何问题一定要全面。遇事不能以点代面、以偏概全，只见树木、不见森林；对人不能攻其一点、不计其余，全盘否定或全盘肯定。要学会多角度、多层次地看待事物。要看到尺有所短，寸有所长；凡事有利有弊。在大好形势下要看到阴暗面，在困难的时候要看到成绩和光明。无论自然科学还是社会科学，无论对宏观世界还是微观世界，人类的认识都仅仅是九牛一毛，沧海一粟，充其量是管中窥豹、一孔之见。每个人、每个团体都有自己的盲点和局限，认识到这一点，对增强理智、减少无谓争论十分必要。

2. 相对论

太极图的寓意之二是阳中有阴，阴中有阳，提示我们真理与谬误都是相对的。任何科学发现都受时间、地点、条件的限制，没有放之四海而皆准、千秋万代永适用的普遍真理。把真理绝对化，追求绝对准确、绝对公平、绝对完美，好就全面好，坏就彻底坏，这种看问题绝对化的人和片面性的人一样容易出现心理障碍。特别是一些所谓有知识的人，常常把知识当做绝对真理，不分场合地乱套乱用，这种教条主义者无疑既害人又害己。解决的办法是倡导相对论，废除绝对化。学会在危险中看到机遇（危机），在痛苦中体验快乐（痛快）；领悟舍即是得（舍得）、得即是失（得失）的哲理。认识到和谐社会需要公平，但公平永远是相对的，差别只能减少不能消灭，我们在争取公平的同时，也要学会接受某些不公平。

3. 发展论

太极图的寓意之三是阴阳互动，相反相成，提示我们万事万物皆在发展变化之中。斗转星移，沧海桑田，只有看到变化，接受变化，不断与时俱进，才能永远立于不败之地。那种“好就永远好，坏就长久坏”的想法，均是鼠目寸光的愚人之见。“塞翁失马，焉知非福”，好事可以变成坏事，坏事也可以变成好事。取得成功不要得意忘形，遭遇失败也不要一蹶不振。要警惕乐极生悲，坚信否极泰来。要牢记外因是变化的条件，内因是变化的依据，外因通过内因起作用。要懂得量变引起质变，小变会带来大变的“蝴蝶效应”。要不断努力进取，勇于变革创新，促使矛盾转化。要寄希望于未来，“风物长宜放眼量”。

不合理信念或非理性认知的主要特点概括起来无非是片面性、绝对化、静止论，阴阳辩证辅导的主要内容就是辅导来访者在看问题时变片面为全面，变绝对为相对，变静止为发展，并学会阴阳平衡的中庸之道。

（二）两种心理

太极图中隐含了一分为二与合二为一的思想，凡事有利有弊，有得有失，利中有弊，弊中有利，得中有失，失中有得，利与弊、得与失是可以相互转化的。由此衍生出的辅助理论是“酸葡萄”与“甜柠檬”两种心理。

1. 酸葡萄心理

伊索寓言中那只吃不到葡萄说葡萄酸的狐狸一直被作为反面教材，用于讽刺那些失败后不求进取而自得其乐的人。但在精神分析理论中却将这种酸葡萄心理看做一种中性心理防御机制。实际上葡萄是一分为二的，既有甜的也有酸的。在无法吃到时，若假定葡萄是甜的心里就会失衡而痛苦，若假定其为酸的内心就会安然。

2．甜柠檬心理

甜柠檬心理是由酸葡萄心理引申而来。经过努力还得不到的东西就说它不好，这是酸葡萄心理；而自己所有的东西摆脱不掉就说它好，则是甜柠檬心理。

心理学家马斯洛认为，心理健康即了解并接纳现实；泰勒认为，心理健康即正面错觉。而郑日昌认为，对现实的积极关注和正面认知是心理健康的必要条件。说葡萄酸未必是错觉，因为它可能真的很酸；只要自己感觉好，说柠檬甜又有何妨。这两种心理，看似消极的自我安慰，实际并非自欺欺人的精神胜利法，而是隐含着辩证法的合理内核，运用得当也不失为一种接受现实、取得内心平衡、避免精神崩溃的积极调节方法。

当然，对这两种心理也要一分为二，如果一个人时时、处处、事事“酸葡萄”、“甜柠檬”，那就真成了没出息的阿 Q。

（三）五句箴言

郑日昌将一分为二的哲学观点与无条件积极关注的人本思想结合，把太极三论概括为方便记忆并具有可操作性的三句口诀：全面论的口诀是“这方面不好那方面好”，相对论的口诀是“不好中有好”，发展论的口诀是“现在不好将来好”。

将太极三论和两种心理组合起来，便构成阴阳辩证疗法精髓的五句箴言：

不好中有好。

这方面不好那方面好。

现在不好将来好。

争取不到的就说它不好。

摆脱不掉的就说它好。

古希腊哲学家苏格拉底有句名言：“真正带给我们快乐的是智慧，而不是知识。”何谓智慧？智慧就是辩证的世界观和方法论。这五句箴言就是郑日昌积几十年人生经验悟出的朴实无华的人生智慧。

三、阴阳辩证辅导的方法与应用

（一）具体方法

阴阳辩证辅导的具体方法技术有很多，简要介绍如下。

1．悉心倾听。专注倾听来访者的讲述，要有耐心，不随意打断或作出道德评价，要随时给予积极反馈和正面评价。

2. 理论讲解。针对来访者的问题简要讲解相对论、全面论、发展论，以及酸葡萄心理和甜柠檬心理。

3. 举例说明。列举实例解释上述太极三论和两种心理。

4. 故事启发。通过古今中外的故事或寓言，使来访者加深对阴阳辩证思想的理解。

5. 讨论交流。与来访者分享个人经历，或让来访者相互交流人生感悟。

6. 学习名言。向来访者介绍一些名言警句，例如：

人生是一串无数大大小小的烦恼组成的念珠，乐观的人总是笑着捻完这串念珠。（大仲马）

世界上的事情永远不是绝对的，结果完全因人而异。苦难对于天才是一块垫脚石，对于能干的人是笔财富，对于弱者是一个万丈深渊。（巴尔扎克）

片面的人生观得不到幸福。（傅雷）

7. 熟记口诀。让来访者抄录并背诵五句箴言。

8. 搜集资料。让来访者在媒体和日常生活中搜集有关事例和资料验证阴阳辩证理论。

9. 分析解读。利用五句箴言对来访者的个人经历和生活事件加以分析解读。

10. 太极三问。根据太极三论提出问题，引导来访者化解对人、对己、对事的不满。

11. 学会平衡。结合具体问题辅导来访者掌握阴阳平衡的中庸之道。

12. 及时强化。随时随地通过口头语言和体态语言对来访者的每一点进步和正面认知给予赞赏。

13. 反复练习。要求来访者在日常工作和生活中联系实际，活学活用阴阳太极理论，养成辩证思维习惯。

14. 辅导他人。鼓励来访者用阴阳辩证辅导的理论和方法帮助亲友、同事，在助人过程中更好地掌握辩证的世界观和人生观。

（二）实施要领

阴阳辩证辅导既可以个别进行，也可以团体实施。个别辅导针对性强，团体辅导效率高。

首先，在建立良好关系、来访者有了安全感的情况下，让其说出对人、对己、对事不满意的方面，咨询师悉心倾听，对来访者的心理困扰和痛苦给予接纳和通情。

然后，通过对阴阳辩证思想的理论讲解、举例说明、故事启发、讨论交流、学习名言、熟记口诀等方法逐项加以化解，引导其掌握“这方面不好那方面好”的全面论（例如，人穷志不穷；工作辛苦收入高；我很丑，但我很温柔），“不好中有好”的相对论（例如，破财消灾；吃一堑长一智；嫉妒是变相的恭维），

"现在不好将来好"的发展论（例如，否极泰来；没有不散的阴云；车到山前必有路）。通常，还可用"酸葡萄心理"和"甜柠檬心理"来对上述"三论"加以补充（例如，仕途不顺，可说"位高压力大，无官一身轻"；受到美女诱惑，可想想"丑妻家中宝，水性杨花不可靠"）。

必要时还可布置作业，让来访者注意观察周边的人和事，或从报纸、杂志、电视、网络等媒体上搜集资料，验证太极阴阳理论。

当来访者理解了五句箴言后，可让其联系实际，分析解读个人经历和生活事件，反复练习，逐步学会辩证的思维方式。

许多人的心理问题或困扰来自于看问题偏激，爱走极端，过犹不及。中国传统文化的中庸之道，其合理内核是有助于克服阴阳失衡的思维方式。为此，在咨询时可让来访者深刻领会下面一些话的含义，从而学会平衡：

严格必须有宽容来平衡。

勤奋需要适当休息来平衡。

谦让必须要勇敢坚持自我来平衡。

慷慨大方必须用敢于说"不"来平衡。

认真没有灵活性来平衡就会变成刻板。

自由没有责任的限制就会成为洪水猛兽。

权利没有义务的制约会带来极大恶果。

信任没有必要的自我保护则易受伤。

无论个别辅导还是团体辅导，都可以用下面的太极三问引导来访者深入思考，走出误区，做到阴阳辩证、内心和谐。

对自己不满：

全面看，我的优点和优势是什么？

相对看，我的缺点有无可取之处？

发展看，我的劣势如何改变？

对他人不满：

全面看，他有无优点及对我好的地方？

相对看，他的缺点有无可爱之处？

发展看，他是否也会改变？

对事情或环境不满：

全面看，是否有例外和其他可能？

相对看，塞翁失马，焉知非福？

发展看，冬天到了，春天还会远吗？

每当来访者的看法符合太极三论时，咨询师要给予鼓励赞赏，及时强化其正向思维。

以上便是阴阳辩证辅导的具体操作过程。此疗法有效的关键是要求来访者将五句箴言熟记心中，随时随地结合日常生活反复练习，养成辩证思维习惯。

（三）适用范围

临床实践表明，阴阳辩证辅导最适合解决人际矛盾和一般情绪困扰。对抑郁症和有自杀意念的人效果尤为明显。对有明确对象的焦虑症、恐惧症也很有效，但对病情严重者需要适当配合放松和脱敏训练。强迫症患者大多追求绝对完美，做事过分认真，通过阴阳辩证辅导，有助于改变其绝对化思维方式，因而也可收到意想不到的疗效，倘若辅以注意转移训练则效果更佳。这里提到的放松、脱敏和注意转移训练对于克服上述神经症都是治标之术，而阴阳辩证疗法才是治本之策。

四、对阴阳辩证辅导的评价

（一）阴阳辩证辅导的贡献

在理论上，阴阳辩证辅导融会中西文化，有扎实的哲学基础和深厚的文化底蕴而无晦涩术语；在方法上，阴阳辩证辅导兼收并蓄，整合古今中外多种技术，简单易学并具有较强的可操作性。这是一种极富东方和本土特色的心理治疗和咨询的理论与方法，不但更符合中国国情，而且有助于打破西方在心理咨询与治疗领域一家独大的局面。

（二）阴阳辩证辅导的局限

阴阳辩证辅导在理论和方法上的通俗简明使其失去了神秘感，人们会因该疗法不够深奥而忽视其创新意义与学术价值。

任何一种方法都不能包医百病，阴阳辩证疗法对精神分裂症患者、智力低下者和年龄幼小的儿童均不适用，对性心理变态的治疗效果也有待验证。

【建议参考资料】

1. 郑日昌. 情绪管理 压力应对［M］. 北京：机械工业出版社，2008.
2. 彭聃龄. 普通心理学［M］. 北京：北京师范大学出版社，2003.
3. 叶素贞，曾振华. 情绪管理与心理健康［M］. 北京：北京大学出版社，2007.

【问题与思考】

1. 情绪的相关理论有哪些？
2. 如何去认识正常情绪和不良情绪？
3. 如何进行日常情绪的管理？
4. 怎样识别焦虑症和抑郁症？
5. 尝试运用阴阳辩证辅导的理论和方法解决自己的情绪困扰。

第八章　大学生恋爱与性心理辅导

【本章提要】

本章主要涉及大学生恋爱心理的特点、恋爱困惑及影响因素，性生理、性心理理论以及相关的教育和辅导。具体包括对大学生恋爱心理现状和特点的分析，大学生常见恋爱困惑与辅导，培养和发展健康的恋爱心理，大学生性心理特征及其表现，培养和维护健康的性心理，以及大学生性生理的教育与辅导。帮助大学生系统性地学习性的生理、心理和恋爱的知识。

【学习重点】

1. 大学生恋爱心理特点
2. 大学生恋爱心理的困惑
3. 培养和发展健康的恋爱心理
4. 大学生性生理的发展特点
5. 大学生性健康的培养和性的自我保护

【重要术语】

恋爱　性心理　性健康　性自我保护

第一节　大学生恋爱心理的教育与辅导

一、大学生恋爱心理的现状与特点

（一）大学生恋爱心理的现状

正值青年期的大学生，没有了学业的重负，没有了父母的管束，就如同离开了鸟笼的小鸟，在蔚蓝的天空中自由飞翔。随着性生理的发育和性心理的发展，盼望爱情已成为大学生较为普遍的心态，许多人在承受学习压力的同时也承受着恋爱和与性有关的各类问题的困扰。

大学生恋爱的基本状况，可以通过国内多年来积累的一些调查数据反映出来。

中央教育行政学院心理学教研室的调查发现，大学生对恋爱问题持三种态度：认为在大学期间可以谈恋爱的占调查总人数的51. 7%；认为不可以谈恋爱的占36. 1%；持无所谓态度的占12. 2%。

国防科技大学和长沙大学的调查显示，对恋爱持“动力论”，即认为谈恋爱利多弊少、恋爱是“合动力”的人数占调查总人数的21%；对恋爱持“阻力论”，即认为大学生谈恋爱弊多利少、爱情对学业是一种阻力的人数占调查总人数的15%；对恋爱持“平衡论”，即认为大学生谈恋爱利弊均衡的人数占调查总人数的64%。

西南师范大学（现西南大学）黄希庭等人的调查表明，大学生在对待爱情与事业的关系上，73%—74%的被调查者赞同爱情应当服从事业，79%—81%的被调查者赞同把爱情摆在学习和工作之上是不恰当的，61%—64%的被调查者赞同爱情不是人生的唯一目的，33%的被调查者赞同没有体验过爱情的幸福就不知道生活的价值，此外还有13%的被调查者赞同把爱情放在生命和事业之上，57%—69%的被调查者赞同在热恋时多付出些时间是不可避免的。

以上几个调查结果虽有一些出入，但总体来看，我国当代大学生对恋爱问题持肯定态度的多，持否定态度的少，另外还有一些学生处于中间或游离状态。

关于大学生的择偶标准，上海市的一项调查发现，半数以上的男大学生择偶的结构模式是：德→德貌→德才；半数以上的女大学生择偶的结构模式是：德才→才德→德。这一调查结果表明，大学生无论男女，在选择伴侣上都把思想品德和学识才干列为主要的标准，这说明大学生的择偶观总体来看是健康的；当然，“郎才女貌”的旧式择偶标准对大学生也有不可忽视的影响。另据四川省的一项调查显示，男大学生对择偶条件的排列顺序是：品德人格，相貌，聪颖贤惠，身体健康，懂得生活，兴趣广泛，性格，事业心，才华，操持家务；女大学生对择偶条件的排列顺序是：品德人格，事业心，才华，兴趣广泛，机智刚强，懂得生活，身体健康，相貌，比自己强。这一调查结果同上海的调查结果基本上是一致的。

（二）大学生恋爱心理的特点

大学生的恋爱除上述态度和认识方面的表现之外，还具有以下三个特点。

1. 大学生谈恋爱的年龄有提前的趋向

目前大学生谈恋爱的时间有两个高峰：一年级下学期到二年级是第一个高峰，大学四年级是第二个高峰。总体来看，大学生恋爱的年龄有提前的趋向。例如，长沙地区一些高校的调查指出，在低年级大学生中，男生谈恋爱者约占男生总人数的30%；女生谈恋爱者约占女生总人数的40%。

2. 大学生谈恋爱的方式日益公开化

目前大学生谈恋爱已不再以含蓄、深沉为美，越来越多的大学生热衷于公开场合的密切交往，有的甚至以当众拥抱、接吻为耀，这种对西方恋爱方式的机械模仿有增长趋势。

3. 部分大学生的恋爱动机不够单纯

有些大学生是为了感官满足和利益需要去谈恋爱的。他们一味追求对方的容貌、体态、言谈、风度，或者在内心倾慕对方的家境、地位、名誉、经济实力。具有这种恋爱动机的学生，喜欢脚踏几只船，“这山望着那山高”，摇摆性很大。

有些大学生是在好奇心、从众心理的支配下去谈恋爱的。他们对恋爱问题从来没有深思熟虑，只是看到别的同学谈恋爱了，自己不甘落后，或想显示自己的“实力”，盲目地卷入爱情的热流。

还有一些大学生是以填补内心空虚、满足情欲冲动为目的去谈恋爱的。这种学生通常对爱情极不严肃，今天卿卿我我，甜言蜜语，明天就可能不理不睬，甚至反目成仇，近年来因恋爱问题走上犯罪道路而不能自拔者也并不罕见。

4. 大学生中的未婚同居现象逐渐增多

据广东省性学会主持编辑的《2007 广东性学报告》披露，一项涉及全国 24 个省市 2 000 名本专科学生的调查显示，赞成大学生同居的占调查总人数的 28.4%，任其自然的占调查总人数的 57.6%，明确表示反对的仅占调查总人数的 13.5%。此外，76.6% 的未婚同居女性认为同居对自己身体产生了严重影响，62.4% 的女性对自己的同居行为表示后悔。

二、大学生的恋爱心理困惑及影响因素

（一）网恋

网恋是现在探讨大学生恋爱的文章、小说和影视作品中曝光率非常高的一个词。一般认为，通过朋友介绍后，在网上先交流和相互了解，然后见面通过交往确立恋爱关系的不叫网恋；通过网络认识以后，在网上聊天，同时生活中也互相通电话加强交流，最后觉得比较合适而成为恋人也不算是网恋。我们一般说的网恋专指那些在虚拟的网络世界以恋爱为目的，在网络虚拟世界和社区以恋人的身份和网上恋人共同生活，共同经营一段爱情甚至是婚姻的一种恋爱关系。

网络最大的特点就是虚拟性、隐蔽性和时空无限性，网络世界最诱人之处就是言论和行动自由。在虚拟的网络世界可以天马行空，也可以完成很多在现实生活中无法达成的愿望。在网络世界里，“理想的自我”可以集合很多在挑选男朋友或女朋友时看中的品质和能力甚至职业于一身，也可以随着自己看中的目标人物的喜好来改变自己的言行或者其他情况。这样就比较容易让人看到双方的相似或者互补而抹杀两人之间的不和谐。进而可以在比较短的时间里赢得对方的好感甚至是爱情。同时可能面对的也是对方的“理想的自我”——集万千优点于一身，觉得自己一直等待的梦中情人已经出现了，就会用一切好的标准和目光去看待对方，很快陷入深深的迷恋当中。因为这种迷恋，让对方的一切都笼罩在光环当中，如女性会这样美化其男性网上恋人：他的冷淡却被理解为酷，他的奢侈可能被理解为阔气，他的缺少修养也可能被理解为桀骜不驯。一旦从网络走向现

实，面对双方“现实的自我”时，都会遭遇希望越大失望就越大的尴尬。网恋的“见光死”频率也是非常高的。

有一则报道：一女大学生在某网站交友俱乐部遇到了A男，该男自称有车、有房、自办实体企业。由于初次见面，该女生也没有多问具体情况就和他聊开了，心想反正有车、有房、自办实体企业，应该不会差到哪里去。就这样，她一直和A男保持亲密交往，直到确立网上恋爱关系，并且在网上谈了一年多的恋爱，终于觉得时机都成熟了，可以从网络中走下来，走到现实生活中去。见面的时候却看见A男徒步来到学校。该女生问道：你的车呢？那男的回答：在修理厂，我们出去的时候去取。当该女生陪他走到取车的地方时不禁傻了眼：原来是一辆加重自行车。再看到他的房：民工出租房；他的自办实体企业：手提串串香的锅一口。A男还振振有词：“我又没骗你，我说的都是真的嘛，自行车也是车，出租房也是房，手提串串香也是我自己创办的实体企业嘛。”那女生曾经有过的无数美丽幻想都在顷刻之间化为了泡影。

不仅如此，网恋也是一件费时、费钱、费心的事情，同时也给那些怀有不良动机上网的社会闲杂人员或犯罪分子提供了可乘之机。不少陷入网恋的大学生，每天要花6—8个小时在网络上享受自己的二人世界，为了一个虚幻的恋爱对象既浪费钱又浪费时间。一旦网恋见光死以后，心里的失落和懊悔比真正的失恋还要折磨人。甚至一些大学生因为放松紧惕，把自己平时不敢说、不敢做的事情都在网络中尝试和猎奇，觉得很有安全感。这就为利用网络来进行诈骗或其他犯罪的人提供了很好的平台。各个报纸杂志和电视传媒每年报道的因为沉迷网恋最后耽误了学习和青春，被人骗财骗色的事件屡见不鲜。

（二）单恋与爱情错觉

单恋是一方的倾慕情感苦于不被对方知晓和接受而造成的一厢情愿或对恋爱的渴望，俗称单相思。它仅仅停留在个体单方面爱恋而无法发展成双方相恋的状态，是一种深沉而无望的爱情，充满了毁灭性的激情和疯狂，在幻觉中自愿奉献一切，具有痴迷而深刻的特点。爱情错觉则是指在异性间的接触中，一方错误地认为对方对自己“有意”，或者把双方正常的交往和友谊误认为是爱情的来临。爱情错觉是单相思的另一种形式，它常会使当事人想入非非，自作多情。

青年大学生心理尚未完全成熟，单恋现象比较常见，且较多地出现在性格内向、敏感、富于幻想、自卑感强者身上。首先是自己爱上了对方，于是也希望得到对方的爱，在这种具有弥散作用的心理支配下，就会把对方的亲切和蔼、热情大方当做是爱的表示，并坚信不已，从而陷入单恋的深渊而不能自拔。

深刻的单相思是一种难以矫正的心理障碍，会使人一度丧失自尊，不顾人格尊严地乞求于所恋对象，严重影响人的知觉判断和理性选择，同时也会干扰所恋对象的学习和生活，有时会走向极端，以伤人的方式终结单恋。

单恋形成的原因很复杂，主要与单恋者的幻想特质、信念误区和认知偏差等有密切的关系。

1. 幻想特质。人的幻想特质与先天气质类型和后天的心理发展过程有密切关系。一个从没有被人爱过、敏感、内心体验丰富的人，就难以爱上别人，即使爱上别人也羞于向人表达，不敢奢望被爱。但是，人人都有爱和被爱的渴望，如果对爱的需要的满足受阻，往往转向自己，回到内心，自编自导一个玫瑰色的梦，并在梦中满足自己对爱和被爱的渴求。当他们进入青春期，开始真正的异性交往时，就很难适应正常的恋爱，于是只好退回到过去那种满足方式上，以儿童的反应把爱的渴望当成现实的异性之爱，以丰富的想象力在幻想中得到异性爱的一切满足。

2. 信念误区。单恋者往往信守“伟大的爱充满艰辛和痛苦，往往是得不到回报的”这一信念，于是在得不到对方的爱时，就在单恋中自我暗示：爱不仅仅是为了爱，不要承诺，不要回报，认为这种不顾一切的爱才是最伟大的爱。

3. 认知偏差。单恋者往往由于对倾慕对象一往情深，希望得到对方的动机十分强烈。在这种心理的支配下，往往会把对方的言行举止纳入自己的主观需要的想象中，造成对他人的认知偏差。另外，有的单恋者不能正确对待被拒绝的事实，认为如果承认事实，就是承认自己配不上对方。因此，为了自尊，就强迫自己坚持求爱到底。

单恋者固然会体验到一种深刻的快乐，但更多会体验到情感的痛苦，因为他们无法正常地向自己所钟爱的异性倾诉柔情，更不能感受到对方爱意的温馨。单相思的痛苦不仅仅为情，真正让自己痛苦的是自我的否定，比如，“我怎么就那么笨啊”，“我怎么就没有争取到啊”，“我是不是很差啊”，等等。

（三）多角恋

所谓多角恋是指一个人同时被两个或两个以上的异性所追求或自己同时追求两个或两个以上的异性并建立了恋爱关系。多角恋是爱情纠纷的主要原因之一，实质上是比单恋更为复杂、更为严重的异常现象。由于爱情具有排他性、冲动性，因此任何一种多角恋都潜伏着极大的危机，一旦理智失控，就会给对方及社会带来恶果。

导致多角恋的原因主要有以下几个方面：

1. 择偶标准不明确。由于大学生个性不成熟，生活经验不足，择偶前没有一个较为明确的标准，不知如何才能断定与自己关系密切的异性中哪一位与自己更合适，因此只好颇费心思地多方应付，多头追逐，从而出现了选择性多角恋。

2. 择偶动机不良。有的人一开始和异性交往就出现了动机冲突，一会儿认为张三英俊潇洒，一会儿又觉得李四深沉稳重；今天认为王某开朗可爱，明天又觉得赵某妩媚艳丽，各人的长处都想兼得。为了满足自己的不同欲求，只好在不同角色中周旋以寻求快乐，有的甚至发展到玩弄异性的程度。

3. 虚荣心强。总以为追求者越多，身份就越高；若退出竞争，就是承认失败，承认自己比别人差，这是导致恋爱上的自私自利，对别人和自己感情不负责任的多角恋的主要原因。

4. 盲目崇拜。明知对方已有对象，但由于盲目崇拜，加上嫉妒好强，固执任性，从而导致冲动性、竞争性的多角恋。

（四）失恋

失恋是指一方否认或终止恋爱关系后给另一方造成的一种严重的心理挫折。恋爱失败和失恋是两个不同的概念。前者指恋爱关系的否定，它表现为两种形式，一是恋爱双方都不满意，彼此同意分手；二是恋爱的一方已无情意而提出与对方分手，而另一方却仍情意绵绵，沉湎于对恋情的怀念之中。失恋就是指恋爱失败的第二种。从心理角度来看，失恋可以说是大学生最严重的挫折之一，会引起一系列的心理反应，如难堪、羞辱、失落、悲伤、孤独、空虚、绝望等。这些不良情绪如果得不到及时的排解，容易导致失恋者忧郁、自卑，严重者甚至采取报复乃至自杀等方式来排解心中的郁结。

失恋者常见的不良心理问题有以下三种：

1. 自卑心理。感到羞愧难当，陷入自卑、心灰意冷之中，有的人甚至因此而走上绝路。“我与女友从相识到相爱已三年，可是最近为了一些小事而争吵，之后女友提出分手。我无地自容，怎么向亲戚、朋友、同学交代?”其实，失恋是恋爱生活中的正常现象，并不是一种错误，更不存在什么失面子的问题。

2. 报复心理。有的失恋者失去理智，产生报复心理，结果可能造成毁灭性的结局。特别是由于一方不道德而导致失恋，更容易出现报复心理。其实如果对方人格低下，你应该为分手而庆幸，切不可降低自己的人格，以图一时的泄愤。国内某一流医科大学的24岁男学生官某因恋爱不成，每每以死相威胁要求对方继续维持关系。在一个清晨，他将前女友张某残忍地杀害在实验室中，闻讯去解救的另一名同学也被官某击伤。后因故意剥夺他人生命，造成一死一伤，被判处死刑。

3. 渺茫心理。有的人把恋爱看得至高无上，一旦失恋了，事业、前途也不顾了。渺茫、焦虑不但于事无补，反而可能使自己在恋爱问题上更加草率。

失恋的痛苦是可以理解的，要尽快摆脱精神痛苦而达到心理平衡，必须克服上述心理障碍。冷静分析失恋的原因，及时疏导心中的郁闷，用理智战胜情感。

（五）同性恋倾向

同性恋倾向指对同性持续表现出性爱的倾向。有研究表明，从同性恋倾向发展到真正的同性恋，大约需要1—2年时间。真正的同性恋不仅具有同性交往的精神恋爱特征和拥抱、抚摸、亲吻等肉体接触，而且还发生口交、肛交等性行为。

同性恋可按不同的标准加以分类。一般把同性恋分为素质性同性恋和权宜性同性恋两种类型。前者的同性恋主要由遗传素质引发，后者的同性恋多与特殊的生活环境有关。也有人把同性恋分为主动型同性恋和被动型同性恋。前者从精神到性兴奋时的身体姿态均体现出男性的主动特征，后者则从精神到性兴奋时的身体姿态均体现出女性的被动特征。

具有同性恋倾向的青少年在进入青春期前就具有一定的性身份障碍，平时喜爱装扮成异性角色，服饰、体态、举止乃至讲话方式和腔调都与异性相近。与成年同性恋者不同的是，具有同性恋倾向的青少年很少陷入各种情欲活动，真正诉诸同性性行为的并不多见。如果对青少年当中存在的同性恋倾向不加关注，这类青少年很可能演化成真正的同性恋者。

同性恋倾向形成的主要原因有：

1. 机体素质性因素。素质性同性恋可能由性染色体异常引起，也可能由性激素异常引起。国外有人调查了 40 对同卵双生子，发现只要其中有一个是同性恋者，另一个也必定是同性恋者（100% 的一致率）；而 26 对异卵双生子中，只有 12% 是一致的。这一调查结果证明，素质性同性恋与遗传因素有关。

2. 特殊环境因素。在一个没有异性或极少异性的环境里，人们容易把对异性的欲望转移到同性身上。例如，男女分开的寄宿学校、监狱、军队等同性聚集的场所，往往是同性恋行为的多发区。这时易发生精神上的恋爱关系，尤以女性多见。但当寄宿学生、监狱中的犯人、退役军人有接触异性的机会时，他们会很快抛弃原先的伴侣，而把兴趣转向异性。所以，人们把由特殊环境所引发的同性恋倾向称为权宜性同性恋。

3. 家庭教养因素。幼年时期家庭不恰当的教养方式，容易使儿童出现性别认同障碍。性别认同障碍得不到及时矫正，至青春期后则有可能发展成为同性恋倾向。这说明，家庭教养方式也是导致青少年同性恋倾向形成的一个不可忽略的因素。

（六）大学生恋爱的影响因素

大学生恋爱的上述状况和特点是受着多种因素影响的。

首先，性生理成熟的年龄提前，性意识不断增强，是大学生恋爱年龄提前的一个内在原因。其次，近年来一些不健康的带有挑逗和刺激性的文化产品对部分大学生产生了消极影响，造成某些大学生恋爱动机不够单纯，恋爱方式不甚合理。再次，家庭和社会环境中的一些消极因素，例如社会上“早恋风”、“多角恋爱风”的影响，也是造成大学生恋爱年龄提前、人数增多的一个原因。最后，在对影响大学生谈恋爱的因素进行分析时，还不应忽略以下事实对大学生的影响：一些大学生理想、信念缺乏，学习动力不足，在旺盛的精力得不到合理引导和使用的情况下，他们只好把时间和精力消磨在花前月下。

三、培养和发展健康的恋爱心理

（一）不能对大学生谈恋爱问题简单地予以指责

对于大学生谈恋爱问题采取粗暴指责和过分压抑的态度，对大学生的心理平衡十分有害。指责或压抑会造成大学生抑郁、烦躁、多疑等不良的心理品质，影响大学生的心理健康。因此，对大学生谈恋爱问题采取硬性指责和压抑的态度，显然是行不通的。

我们赞赏这样的说法："爱情犹如蓬生的春草，不让冒尖也要冒尖；又如奔流的河水，想阻也阻不成。"只有春风化雨，因势利导，帮助大学生妥善处理好在恋爱过程中遇到的问题，才能有效地促进大学生的健康成长。

（二）大学生恋爱问题的疏导贵在真诚、实际

当代大学生重实际，厌恶夸夸其谈与说教；讲真诚，不喜欢虚情假意的奉承。针对大学生的这些特点，在咨询过程中进行恋爱问题的疏导与帮助，必须真诚坦率，中肯实在，努力为求询的学生所理解、所接受。例如向求询的学生抽象地谈论爱情的意义，不如向他们坦率地谈谈过来人的一些切身经验和体会，这样会使求询者感到更实在、更具体，从中能受到更多的启发和教育。

适当地介绍一些名人名言，对大学生思考爱情和人生的价值也是有益的，常常会受到求询学生的欢迎。与求询的学生一起讨论如何恰当处理好爱情与事业、爱情与友谊、爱情与道德的关系，对大学生的待人处事、恋爱交往有比较具体的指导价值。比如，有些求询的学生把握不准爱情与友情的尺度，自作多情、夺人所爱或捕风捉影、伤害友情的事情时有发生，若对这类问题进行具体指导，求询者往往口服心服，对咨询人员充满尊重和感激之情。

（三）帮助大学生及时从恋爱挫折中解脱出来

由于在校园中存在着很多限制学生谈恋爱的因素，大学生在恋爱过程中常常会遇到挫折。对大学生的恋爱挫折进行恰当的疏导帮助，对于缓解大学生的心理冲突、摆脱情绪困扰具有重要作用。

大学生在遭受恋爱挫折之后，其心理反应复杂多样。主要包括：羞辱感，觉得自尊心受到严重损害；苦闷感，焦虑和痛苦的体验交织来临；报复心理，试图寻找机会拿对方出气；绝望心理，感情脆弱者甚至想自伤自毁。

针对大学生恋爱受挫后的心理反应，应帮助当事学生进行冷静的分析，既要认清遭受挫折的主客观因素，总结教训，积累经验；又要从受挫状态下摆脱出来，失恋不失志，在对理想与事业的追求中弥合心灵的创伤，获得新的爱情。对于那些情感脆弱、处于绝望状态或死亡边缘的学生，则应进行必要的危机干预，通过与有关方面的协调、监护，帮助此类学生渡过感情上的难关，使其逐步恢复

到能够进行自我控制的正常水平。

（四）培养大学生爱的能力

美国著名诗人惠特曼说："爱，不是一种单纯的行为，而是我们生活中的一种气候，一种需要我们终身学习、发现和不断推进的活动。"成熟的爱情以自爱为基础，大学生应知道自己需要怎样的爱，并且具有给予爱和拒绝爱的能力。

首先，培养爱的能力需要加速大学生自我的心理成熟。培养积极的人生观、价值观，确立恰当的择偶标准。培养独立的人格，能体贴、关怀、尊重他人。恋爱不是一种纯粹的精神活动，它是个人生理、心理发展的需要，更是一种社会行为，体现了一个人的追求。具有独立人格的人能够正确认识自己、悦纳自己、发展自己，对自己充满信心和勇气。而人格未完全独立的人感情容易飘忽不定，一旦恋爱则陷入激情中难以自拔；倘若失败，便对自己作出负性评价，丧失自信。

其次，要培养大学生与异性交往的能力。异性间的交往应注意：不要过分强调目的性；注意交往的范围、间距、场合、分寸，如果没有对某一对象萌发爱意，不要轻易进行一对一的单独活动，切不可过于频繁地与某一选定对象长期交往，否则容易引起恋爱幻想。

再次，要学会选择与自己气质和心理特点相配的恋人。心理学家曾经调查大量幸福美满的家庭，得出爱情和谐至少需要以下三项保证：相互了解、地位背景相配、气质类型相投。要使恋爱生活和谐，减轻恋爱对心理健康的不良影响，选择与自己气质和心理特点相配合的恋人是有必要的。

前文提到了希波克里特对气质类型的分类，下面根据该分类归纳出不同气质类型的人对爱情的不同心理反应和在恋爱中的不同表现。

胆汁质。心理活动一般较强，心理变化比较频繁，对爱情的追求具有主动狂热的特点。他们对自己的内心秘密毫不掩饰，对异性也非常热情，一旦确定目标就会毫不羞涩地向对方表白自己的爱。这种气质特征的缺点是热情有余而冷静不足，造成爱情不能专一持久，两性关系较随便。

多血质。敏感而感情丰富，能灵活地适应环境。他们善于交际，易博得异性好感，其爱情表露方式也较大胆直率，而且多血质人较高的创造性使他们的爱情生活充满情趣。但这种气质的人在爱情的稳定持久方面亦显不足。

抑郁质。怯懦腼腆，不善与异性交往。他们的感情深沉内向，经常缺乏表露的勇气，这使得他们的感情生活并不顺利。但这种气质的人对爱情的体验非常深刻持久，不易改变。

黏液质。做事较有计划，他们对异性的追求也是如此。通常是先对异性进行周密的考察，再制订一套计划，按步骤行动。他们在爱情追求上有锲而不舍的韧劲。

各种气质都有其优缺点。气质的相投主要是指一种互补效应。从择偶心理上说，人们容易对相同气质的人排斥，而想通过与其他气质的人交往，在恋爱中弥补自己的缺点。

一般来说，胆汁质的男性宜选择黏液质女性；抑郁质男性宜选择胆汁质女性；多血质和黏液质男女应相互选择。这并不是说其他的就都不选择。但最好不要是胆汁质的男女互配或抑郁质的男女互配。从气质嵌合的角度来说，以上两者是最不理想的搭配。选择互补气质的恋人可以使恋爱生活处于平衡与和谐的状态。

第二节　大学生性生理、性心理的教育与辅导

一、大学生性生理与性心理的发展特点

（一）性生理的发育

在校大学生大多在 18—22 岁左右，处于性生理发育的发展成熟期。两性生理的发育有两个明显的标志：一是体征上的变化，如男性骨骼强硬、喉结突出等；二是指功用上的，两性生殖系统发育逐渐成熟，男性分泌精液以至发生遗精，女子每月规律性排卵，月经趋于稳定。在我国，男性首次遗精多数在 14—16 岁，女性月经初潮多数在 13—14 岁。绝大多数大学生在中学时代就达成了性启蒙的根本一步。性生理的发展成熟为大学生恋爱提供了生理基础。

（二）性心理的发展过程

科学研究表明，直接影响性生理启蒙的是大脑垂体前叶分泌的性激素。性激素的激活导致了性意识的觉醒。所谓性意识觉醒，是指个体意识到本人的性别、两性之间的影响，以及对待两性的态度和举措规范。

在一岁半到四岁的时候，人就能从外形辨别周围人的性别，但却认为性别是可逆的，学龄前儿童已懂得男女性别是不可逆的。但在第二性征未发育前，孩子都处于性无知期，虽知晓男女有别，但仍旧两小无猜。性心理的发展是伴随着第二性征的降临、性意识的觉醒而来的，经历了以下四个阶段：

1. 异性隔膜期。青少年在第二性征降临后的 1—2 年内，朦胧地意识到两性差距，起初有了不安和胆怯的心理，很怕异性注意本人的变化，于是男女彼此隔膜，就算是青梅竹马的童年伙伴也较少来往。有的孩子在家里还不由自主地排斥异性长辈。与此同时，也有了对异性的好奇心和求知欲，很想知晓被成人掩饰的秘密究竟是什么。

2. 异性吸引期。对异性产生垂青与爱慕，一般发生在女孩 12—13 岁，男孩 13—14 岁。此时的男孩乐于在女孩面前展现自己的能力与实力，以取得女孩的垂青与赞叹；女孩开始注意妆饰，以引起男孩的注意。男女互相接近的愿望使他们乐于参加有异性同在的活动，并对异性表示注意和关怀。

3. 异性向往期。15—16 岁之后的青少年向成人过渡增快，在对异性产生垂

青的尺度上分别形成一个或几个异性的“理想模型”，并在大多的男女生来往中，日趋由对群体异性的垂青转向对个别异性的留恋，有的还形成一对一的“专情”运动，萌生恋情。

4. 择偶尝试期。高中毕业进入大学的青年，对异性的爱慕和向往有了一定的选择和排他性，自然而然地进入了恋爱择偶尝试期。男女双方都盼望用各种途径接近异性，引发特定异性的注意与垂青。

二、大学生性生理的教育与辅导

（一）婚前性行为

有调查显示男生 79. 03% 对婚前性行为持赞同或无所谓态度，20. 97% 持反对态度；女生 40. 78% 持反对态度；全部调查对象中 25. 2% 回答当前有恋爱对象，3. 95% 回答有性交行为。婚前性行为这个词对当今大学生而言已不再陌生，这种现象也变得日益普遍，甚至一些大学周围的小区或住宿楼因为有学生的租住显得供不应求，房租可以和城市中心地带相媲美，大学周围的成人用品商店也明显增多。

根据亲密程度的不同，大学生的婚前性行为分为：拥抱、接吻、抚摸和性交。亲密程度越高，发生的比例越高，现在很多大学生的恋爱都已经悄悄地“更上一层楼”，从拥抱开始，一直发展到性交。一些大学生认为两个人感情关系已明朗化，以后要结婚，发生婚前性行为是很自然的事，因为结婚只是一种形式，婚前性行为对以后的婚姻是有益的，可以增进感情，积累经验；一些大学生是为了满足自己对异性的好奇和生理需要而发生婚前性行为，并认为发生婚前性行为并无疾病风险，因为可以采取保护措施；还有一些是为了获取利益而发生婚前性行为，与不同的异性保持不正当的性关系，认为性也是一种权利，别人无权干涉。

但有研究表明，在大学里谈恋爱的人毕业后真正结婚的不多，一些过早发生婚前性行为的大学生会遇到家庭、社会舆论等方面的压力，对感情有一定影响；另外，过早地发生性行为，会使大学生沉迷于二人世界，影响学业和生活，少数大学生甚至因为性伴侣或恋人离开自己，不能控制好欲望，导致一些过激行为甚至犯罪行为的出现；还有一些女大学生因为婚前性行为而怀孕，造成严重的生理和心理上的压力和伤害，甚至一些大学生由于缺乏合理的避孕知识或未采取有效保护措施，感染上了性病。戴维斯（K. B. Davis，1929）等人的研究表明，处女结婚的成功率高于婚前有性行为的女性。特曼（L. M. Terman，1938）的研究也认为，婚前就同订婚者或其他人有过性关系的人，婚后的幸福程度都比较低。尤其是男性，婚前与订婚者以外的人有过性接触，婚后的幸福程度最低。

因此，大学生应尽量控制自己的欲望和好奇心，专心将精力放在提高自己的学业水平和综合素质上。另外，还应了解和学习一些对预防传播疾病极为有效的安全避孕方法和措施。

（二）手淫和过度手淫

手淫（也称自慰）是指用手或其他物品接触、摩擦或玩弄生殖器以引起性快感、获得性高潮、达到性满足的行为。男生手淫的频率和采取手淫获得性满足的人数都远远高于女生。很多学生，尤其是男生对自己有手淫行为而感到焦虑、紧张、悔恨、害怕、多疑和自责，但越是这样，越不能自我控制，更加沉溺于手淫获得的性快感和满足来缓解自己的焦虑和紧张情绪，越采取手淫就越感觉到紧张和不安，由此形成一个可怕的恶性循环。

很多人对“手淫”这个词感到恐惧，或手淫过后感到非常内疚，并且由于对手淫的错误认识会把手淫前后身体上或心理上的一些变化（如反应变得缓慢或记忆能力减退等）的原因敏感地归结为手淫。其实，适度的手淫实际上是无害的，它是人类正常的生理行为，对没有合法性伴侣的大学生来说，它更是缓解性压抑、消除性紧张的有效方式。如果此阶段，没有真正的性生活，又觉得手淫是不道德和犯罪的，从而过于压抑性冲动，反而会导致性冷淡、性厌恶或性高潮障碍等其他性功能问题。马斯特斯夫妇（W. H. Masters & V. E. Johnson）的实验室研究证明：手淫所引起的生理反应和性交时引起的生理反应是一致的，手淫不像很多人所认为的那样会导致阳痿、早泄、神经衰弱或伤元气。20 世纪 60 年代金赛（A. C. Kinsey）等人的调查究表明：58% 的女性和 92% 的男性都有过手淫的经历。由此可见手淫的普遍性，大可不必因为自己的手淫而觉得自己多么另类或道德败坏，从而不采用手淫缓解性紧张，造成因性压抑过度而影响身心健康。

过度手淫并不是取决于手淫的次数，而是根据身心的承受能力来判定的。通常以手淫过后是否有其他负面的情绪或身心障碍为判断依据。如果手淫过后觉得身体疲劳、精神不振，甚至阴茎不再勃起或勃起不坚，哪怕你几天才手淫一次，也说明你需要休息了。过度手淫不仅对身体会造成伤害，也会影响我们的心理健康水平。过度手淫者有的是因为内向、脆弱，面对困难或压力时不敢正视现实，而把手淫获得的快感作为逃避的一种有效方式，时间长了以后就会更加内向、消沉、孤独和寂寞。还有的是因为手淫获得的快乐是不需要付出努力和艰辛就能获得的，来得非常容易。因此容易使人沉溺和依赖，严重者还会发展到把手淫作为满足性欲的主要方式，减弱了对异性的关注和追求，也减少了与人的交往和接触，时间长了以后容易造成人际交往困难和社会适应不良。过度手淫必定造成时间和精力的耗费，自然会分散对学习、工作和社交活动的注意力，不利于大学生个人的成长和日后正常的婚姻生活。

手淫过度的大学生要想彻底解除手淫或从这种不良状态中走出来，首先，要把自己一天的生活安排规律，把白天、晚上的学习活动和其他课外活动安排紧凑，让自己没有时间沉迷此事；其次，睡觉前可以听一些音乐或喝杯牛奶，换上干净、宽松的睡衣，被子不要太厚，尽量将手放在被子外面，保持比较舒适的睡姿；再次，还可以发挥自己的毅力，用行为矫正疗法慢慢减少手淫的次数和频率，尽量控制自己手淫的欲望。还可以采用厌恶疗法，一旦有手淫想法的时候就用橡皮筋折磨自己的手腕或用中指捅自己的咽喉，造成频繁干呕，让手淫的想法和痛苦的干呕之间建立条件反射联系。如果都不能缓解或消除症状就可以寻求专业的心理咨询或医疗机构的帮助，从而戒除过度手淫。

（三）遗精和性梦

遗精是正常生理现象。有些男孩受“一滴精十滴血”思想的影响，误认为精液十分宝贵。其实精液是由精子和各种黏液组成的，精子产生于睾丸，在附睾内发育成熟，是男性的生殖细胞，约占精液的5%，其余95%为精浆。精浆是男性附性腺分泌的混合液，是运送精子的载体，也是营养精子、激发精子活力的重要物质。精液中含有大量维持精子生命活动的物质，如果糖、酸性磷酸酶、5－核苷酸酶、精胺、无机盐（如锌盐、镁盐、钙盐、铜盐、铁盐、钾盐、钠盐等）及其他各种具有催化作用的酶等。此外，精液中尚含有少量白细胞、生殖道脱落的上皮细胞等。因此遗精对身体并没有什么危害。一般每月遗精两到三次均属正常。如果是频繁出现遗精，一般原因为学习、生活过度紧张，自慰和对与性有关的语言、文字和音像制品刺激过于敏感。

防止遗精过频的主要措施是合理安排学习和生活、劳逸结合。睡前不要大量喝水，也不要看和性有关的文学作品。不要过早上床，最好困倦之后再上床。也可做些轻松的运动，争取尽快入睡。内裤要宽松些，床铺不要过软，被子不要盖得太厚太重。睡觉最好采用侧卧姿势，避免刺激外生殖器。

由于青春期，体内会分泌大量的性激素，性欲逐渐产生，加上社会上各种性信息的刺激和没有通过正确渠道得到性知识等原因，使青春期的男孩女孩对性有了神秘感，由此引起性的联想。但是，这时的性需要还不能在现实中实现，因而就常常以做梦的形式获得满足。

心理学家认为，性梦是一种无意识或潜意识的性心理活动，是性自慰的一种形式，也是机体自身调整紧张的一种心理防御机能，是完全正常的生理和心理现象。性梦是一种自发的梦，梦不等于现实，绝大多数人梦后是不会按梦去想、更不会依梦去做的。所谓君子之不端止于做梦，小人之不端见诸行动。所以性梦毫无道德评价意义，也不存在道德品质问题，更谈不上思想肮脏。

（四）经前紧张综合症

经前紧张综合症容易在月经前7—14天出现，经前2—3天加重，表现为精神紧张、神经过敏、烦躁易怒和忧虑、全身乏力、易疲劳、头痛失眠、精力不集中、记忆力减退等。经前紧张综合症与体内雄激素和孕激素比值升高有关，尤其是那些平时情绪紧张、急躁和焦虑的人更容易出现此症状。

对付经前紧张综合症的方法主要是解除精神上的紧张和负担，生活要有规律，饮食要少盐、少脂肪，多吃富含维生素和粗纤维的食物，多参加文娱活动和体育锻炼，这些都可以使症状明显减轻或消失。

同时还可以采取以下方式进行心理调节：

1. 呼吸调节。当发现自己有心烦意乱、紧张、焦虑等症状的时候，就对自己说："不要紧张，要放松，保持心情平静。"然后，闭上眼睛，深呼吸，并在吸气时默念"一……"，在呼气时念"二……"，同时全身放松。反复练习 5—10 分钟。

2. 微笑疗法。如果你早上一起来就发现自己情绪不高，懒懒散散，无精打采，不妨对着镜子微笑，看看自己是皮笑肉不笑，还是轻松、自然和真实地微笑。如果你的笑容不能使你满意，那就反复练习，并在练习的同时联想一些让你感到快乐的事，这样会有不错的效果。

3. 说出烦恼。将烦恼说出来，释放自己的烦躁、悲伤和无名火。找个好朋友或心理老师，跟他们讲讲你的烦恼和压力，他们的理解和鼓励可以使你马上好起来。

4. 运动排解心中郁闷。坚持规律的身体锻炼也很重要。每周 3 次、每次 30—45 分钟的有氧运动就可以有效消除焦虑，维持肌肉的协调性，而且还能控制体重。

5. 借助音乐调整情绪。如欣赏音乐或歌唱，帮助自己调解消极情绪。

6. 欣赏他人、宽容自己、加强个人修养。

（五）恋物癖

恋物癖是指通过抚摸、嗅、咬或玩弄某种属于异性的物品来获取性快感。所恋之物多半是与异性身体有关的，如头发、内衣、内裤、胸罩或袜子等，并且多数恋物癖者都喜欢带有余味的、刚刚从身上换下的物品，也有的喜欢干净的或新的。恋物癖患者几乎都是男性，而且绝大多数都是异性恋。有研究显示他们大多数对性生活恐惧或性功能低下，行为孤僻，性格内向，很少有攻击或暴力行为。在收集或玩弄某种特殊质地或者气味的异性物品时能达到性高潮，甚至引起射精。

绝大多数的恋物癖患者都因为其变态行为而给自己造成了许多困扰，甚至被贴上偷窃或道德败坏的标签，事情败露以后几乎都不能抬起头来生活。明明知道这样做是不合常规的，是要受到非议的，但又没有办法控制自己的行为，欲罢不能，因此他们常常感受到极大的痛苦和折磨。恋物癖患者多数都是因为在青春期或儿童期偶然地接触到异性的某个与性有关的物品，尤其是胸罩或内裤，而引起身体的性快感，获得性满足，因此就错误地认为自己的性满足需依靠此物品，尤其在性冲动非常强烈又没有性伴侣的大学时代，更容易采取此种性活动方式。有的会一直持续到成年结婚生子以后，严重影响夫妻性生活质量和家庭关系。

因为强大的精神压力和恶劣的社会影响，恋物癖患者都想很好地解决这个问题。对此，首先应进行心理疏导。用亲切、准确的目光和语言告诉他们，恋物癖不是一种道德败坏行为，而是一种心理问题；并且帮助其分析恋物癖产生的根源和形成过程，让其科学认识到恋物癖的实质和特点。其次，可通过分析和引导，让他们对自己的行为有一个正确的态度和认识，达到认知领悟的治疗效果，从而树立克服此心理问题的信心和决心。再次，配合想象疗法，当产生恋物想法时，尽可能地去回想过去或设想将来因为恋物而受到的责备、非议、辱骂甚至处分，再想想这些事情对自己将来做人、找工作甚至成家立业的恶劣影响，从而控制自己的恋物欲望。

（六）露阴癖

露阴癖就是指反复在陌生异性面前暴露自己的生殖器，从而获得性满足的性行为方式。他们在暴露生殖器时会同时进行手淫，并想象对方也被性唤起，同时在看到对方受到惊吓时获得性满足和性快感，有时还会达到高潮引起射精。但他们不会对对方产生进一步的性行为和性侵犯。

露阴癖通常只见于男性，并且常在18岁以前发病，40岁左右症状得到缓解；但也有极为少数的女性会反复暴露自己的乳房或外阴。其起病常与性心理发展受挫或两性关系没能获得正常发展有关。也有的是患者有颅脑外伤或酒精中毒等深层原因。大多数露阴癖患者都选择陌生异性为暴露对象，通常在僻静处进行暴露。一般都会被当做流氓而遭到殴打或抓捕，事后也会感到非常懊悔，但有合适的机会或看到漂亮女性时又会难以控制自己的露阴冲动。

所以在遇到露阴癖患者时，首先要对他们抱以同情，不可当做流氓来对待，也不要一个人去人烟稀少的地方，以减少碰到这种人的概率。有露阴癖倾向的人，更应该深刻认识到这种病态行为给自己和别人带来的伤害和麻烦，积极寻求专业帮助或采用想象厌恶疗法或橡皮圈疗法来控制自己的冲动。

三、大学生性健康的培养和性的自我保护

（一）大学生性健康的培养

1. 培养丰富兴趣爱好，自我充实生活。青年人面对青春的躁动，应学会自我调节，有目的地培养丰富的爱好与情趣，使生活内容健康、充实、向上。大学生的未来生活丰富多彩，为了更好地迎接新的生活，在青年期必须树立远大的理想和目标，才能在将来的生活中有所作为。

2. 发展健全的理智感。培养理智、锻炼和提高自我控制能力。首先，要教育大学生摆正爱情和性在生活中的位置。明确坚持学业第一的观点，要使大学生

理解，今天的学习与未来的事业息息相关，也是爱情美满的基础。那种抛开学业谈恋爱的做法不仅有碍成就事业，也难以获得幸福的爱情。其次，要帮助大学生正确处理恋爱与学习、工作的关系，以及恋人与他人的关系，不是只沉迷于感情的漩涡中，而是考虑感情的长远性和现实性。最后，还必须帮助大学生树立崇高的理想，变“儿女情长”为胸怀大志，用理想的感召力激发学习的热情，把兴奋中心转移到学习上，把时间和精力投放到学习上，从而真正把学习放在第一位，爱情服从学业，爱情促进学习。

3. 培养健康人格，建立正常的异性交往。要自然大方地对待每一位同学，尊重对方；感情要淳朴、真诚；要乐于助人，善于团结各种性格的人。同学之间应是相互关心、相互帮助、共同进步的。与异性交往应该以群体交往模式为主，避免单独在封闭的空间独处。

4. 养成良好的卫生习惯、强健体魄。注意清洁卫生，每天清洗外阴。不穿紧身内裤，按时睡眠。同时加强体育锻炼，把剩余的青春能量释放在运动场上。

5. 自觉抵制淫秽制品和性诱惑。淫秽制品是指具体描绘性行为或者宣扬色情的淫秽性书刊、影片、录像带、录音带、图片及其他淫秽物品。淫秽制品及黄色网页对青少年有严重危害。青少年正处于青春发育成熟期，愿意探索新知，某些腐朽意识形态的影响和黄色淫秽制品的传播对青少年的影响很大。他们不知深浅，通过涉足淫秽制品和浏览黄色网页寻求刺激，来达到自己对内心空虚的解脱。有的深陷泥潭不能自拔，整日精神萎靡，心神不定，想入非非，以致污染风气，毒害心灵，荒废学业，有的还堕入违法犯罪的深渊，葬送自己的前程。青少年要坚决抵制黄色淫秽制品，对其坚决做到不看、不传，更不能走私、制作和贩卖。要洁身自爱，读好书、结好友，积极参加健康有益的文体娱乐活动。要树立正确的人生观，培养高尚的道德情操。

（二）性的自我保护

1. 学会抵制突如其来的性侵害

（1）入睡之前关好自己家中的门窗，锁好门锁，拉好窗帘，以防窥视。对于陌生人的敲门要提高警惕，千万不要随意开门，尽量不要应答，或找借口婉拒。

（2）夏天穿衣要大方庄重，不要过于暴露，言谈举止不宜过分张扬，活泼开朗但不能言语露骨、动作粗鄙。为了顺利度过夏天，避免被色狼盯上，夜晚在路上行走时，要留心观察，注意发现跟踪尾随的可疑人员，避免孤身单独在僻静黑暗的道路上行走，最好结伴而行或请亲朋护送。

（3）谨慎交友，尤其是网络交友时，不要被陌生人的花言巧语蒙骗，增强识别能力，轻易不要和陌生人独处或单独活动，尽量不要与网友见面，非要见面时，可以带上一个同伴，在自己熟悉的环境下见面。如果发现势头不对，要马上结束，避免事态失控。更不要接受陌生人提供的饮料和食物。

（4）与不熟悉的人进餐时，切勿饮酒，更不能过量，以防止酒后遭侵。

（5）晚上尽量不要单独出门，早些回家，不要深夜还在外滞留。更不要与陌生人同行，如发现有陌生人尾随或跟踪时，要设法摆脱。

（6）若发现挑逗、轻浮言行，要态度鲜明，及时斥责，设法摆脱，必要时可求助于公安机关。

（7）遇事保持冷静警觉，随机应变，大叫“救火”比叫“救命”有效，快而准地利用随身物品（比如挎包、发卡、钥匙，甚至雨伞、高跟鞋等）攻击对方弱位（例如眼、耳、鼻或下体等）。

（8）遇到侵害要寻求帮助和及时呼救。一旦遇到侵害，要寻找有利时机寻求帮助或者大声呼救，但情况也不是绝对的，如犯罪嫌疑人手持匕首等凶器，受害人处于孤立无援的环境中，首先要做的，还是保证自己的生命安全。

（9）一旦被性侵害，应及时向公安机关报案，并妥善保管相关的物证，以利于公安机关迅速破案，严厉打击。

2．了解性行为可能导致的性传播疾病及风险

大学生处于青春发育期，性冲动在所难免，而不洁性接触导致性传播疾病的发生，成为大学生性活动的一项重要威胁。每年全世界有 1 亿以上人口患性传播疾病。在青少年群体中，性传播疾病的感染是惊人的，每年约有 300 万青少年感染性传播疾病。尤其是近年来艾滋病的蔓延，更是引起了包括青少年在内的社会成员的恐惧。青少年容易感染的性传播疾病主要包括淋病、梅毒、疱疹、阴道感染、阴虱、性器疣与艾滋病等。

（1）淋病。淋病是一种较普遍的性传播疾病，属于“经典”性病的一种。通常在男性的阴茎、前列腺、膀胱、睾丸，女性的子宫颈、阴道、外阴等部位发生。淋病的主要症状是排尿困难、有灼热感、发烧、发冷、食欲不振、皮肤与关节痛，女性还有黄色的阴道分泌物。淋病是通过性接触（包括性器官、口腔与肛门）而感染，症状一般会在两周内出现，但 80% 的女性和 20% 的男性常症状不明显。如果淋病严重，容易导致肾脏或子宫感染而影响生育。

（2）梅毒。梅毒是由梅毒螺旋菌感染导致，是最危险的“经典”性病之一，有极高的死亡率。梅毒的感染途径与淋病相似，主要以性器官接触为主，同时皮肤伤口也会被感染。此外，母婴传播也是感染梅毒的途径之一。

（3）疱疹。疱疹是最普遍的性传播疾病，主要感染途径为性交、爱抚或口交。疱疹分为第一型和第二型两类。第一型疱疹出现在嘴巴或嘴唇，因此是一种嘴部疱疹；第二型疱疹则出现在性器官周围，因此称为性器疱疹。

疱疹的症状是丘疹，是一种微红且疼痛的肿块，会转变成水疱或发脓。多半于性交感染后 3—6 天发生于阴部附近，最终病症会持续约一个月。初期症状是

患部灼热与刺痛，然后出现小水疱，进而出现水疱糜烂状态，并引起淋巴肿大，出现发烧及头痛等症状，女性感染严重者容易导致子宫颈癌。此外，由于疱疹经治疗后病菌仍会停留在神经纤维中，因此复发概率较大。

（4）艾滋病。这种疾病因病毒破坏人体免疫系统的T细胞，使人体的免疫机能受损或丧失，导致各种疾病缠身，因而被称为“获得性免疫缺陷综合征”，简称AIDS，中文称为艾滋病。这是20世纪90年代以来最具破坏力的性传播疾病。

血液与精液是传染艾滋病的主要途径，经由性接触与血管注射也都可能感染艾滋病。目前研究发现，男同性恋者、血友病人、吸毒者、性伴侣多者是艾滋病高发群体。

3. 学会拒绝婚前性要求

（1）如不愿意发生性行为时，必须把主导权牢牢掌握在自己手里。要勇于真实表达自己的想法，不要表现得犹豫不决。

（2）和恋人独处时别做暧昧动作，避免遭遇对方的“试探”。如夜晚独处时，穿着要适宜。

（3）在充分沟通的情况下，一起来转移欲望。例如，在欲望袭来时，起身打开电视、音响，看看书，甚至出去散散步，打打球等。

4. 杜绝非婚怀孕和人工流产

全世界处于15至24岁之间的青少年有10亿，其中我国就有2.3亿之多。青少年在情感和性方面都处于人生中最活跃的阶段，对于身体、对于情感、对于性却不甚了解。数据显示：在全球范围内，进行流产的人中有50%是青少年；每年有1 400万的青少年生育，其中绝大多数都是意外怀孕；每分钟有10个少女进行不安全的流产；对于15岁以下的少女，因生育和怀孕引发的并发症导致死亡的危险是25岁以上妇女的25倍。

人工流产的具体危害有以下几方面：

（1）人工流产过程中造成宫颈损伤，再次妊娠时易发生习惯性流产和早产。

（2）流产后如发生感染，会引起生殖系统炎症，严重者会导致不孕。

（3）多次人工流产者子宫质脆，医生在做人工流产手术中稍不注意就会发生子宫撕裂，或造成穿孔，严重者危及生命。

（4）多次人工流产造成多次人为中断妊娠，引起生理、心理一系列非正常改变，如月经异常、神经衰弱等。

（5）多次人工流产易造成子宫变位、子宫内膜异位，导致下腹疼痛、下坠、白带增多、痛经等一系列病症，甚至不孕。

（6）子宫腔粘连。多次人流，由于反复吸刮宫腔，造成子宫内膜损伤、感染，使子宫痉挛性收缩，在愈合过程中容易发生子宫腔粘连。

（7）闭经。多次人工流产，如果子宫内膜的基底层受到损伤，就会失去再生能力，虽然卵巢功能正常，按时排卵，但是不来月经。

（8）多次人工流产后再怀孕生下的孩子弱智者比例大幅度提高。

大学生还没有成熟的人生观、价值观和世界观，更不具备组建家庭的条件，绝大多数只能选择终止妊娠，在这种情况下怀孕对身体伤害很大。无论是采用药物流产还是其他人工流产手术，伤害都在所难免。因此，一定要尽可能杜绝非婚怀孕和人工流产。

【建议参考资料】

1. 莱福特. 性健康指南［M］. 北京：中国轻工业出版社，2006.
2. 高德伟. 性健康教育学［M］. 呼和浩特：内蒙古人民出版社，1995.
3. 张瑞萍，黄莉莉. 青春期性生理知识问答［M］. 北京：金盾出版社，2005.

【问题与思考】

1. 如何培养和发展大学生健康的恋爱心理？
2. 大学生常见的恋爱困惑及影响因素是什么？
3. 大学生性心理健康教育与辅导的重点是什么？
4. 大学生性的自我保护应包括哪些方面？

第九章　大学生生涯规划的辅导与教育

【本章提要】

本章主要介绍大学生生涯规划的含义、原则和任务，大学生职业生涯的具体实务和教育辅导的主要内容。其中还包括大学生的职业生涯规划计划、职业生涯评估、职业生涯规划实施以及反馈等。

【学习重点】

1. 生涯规划的含义及相关理论
2. 大学生职业生涯规划的原则和任务
3. 大学生职业生涯的评估
4. 大学生职业生涯规划的实务

【重要术语】

生涯规划　生涯角色　职业生涯规划　职业生涯评估

第一节　生涯规划概述

一、生涯规划的含义与内容

（一）生涯的含义

美国著名生涯发展学者舒珀（D. E. Super，1980）给生涯（career）下的定义是："生涯是终其一生，不同时期不同角色的组合。"语句虽短，却是言简意赅。我国台湾学者林清文先生给出了更简单的定义：生涯就是生命意义实践的历程。更简单地说，生涯就是过一辈子。

（二）生涯规划的含义

1. 生涯规划

既然"生涯"是"过一辈子"，那么简单地说生涯规划，就是计划如何过这一辈子。在生命起点和终点之间，以对生命意义的体认和生涯目标为指引，来切割我们的人生。胡适说："今天预备明天，这是真稳健。"从心理适应的观点来看，生活的预想和计划是稳健、成熟的现代人的重要表征。

我国古人已然注意生涯规划的话题。

《论语》中孔子的一段自我表述，即有明显的生涯发展阶段的意味："吾十

有五而志于学，三十而立，四十而不惑，五十而知天命，六十而耳顺，七十而从心所欲，不逾矩。”（《论语·为政》）

洪迈的《容斋随笔》也曾提到“人生五计”：小的时候要多吃、成长、活下去，是生计；在青壮之年，要思考到自己如何立身在社会之中，是身计；年岁渐长，成家立业，要维持家庭的温饱及家门和乐，是家计；白发渐增，心力犹在，颐养天年，怡然自得，是老计；去日无多，回顾人生，不应有恨，从容面对人生的结束，就是死计。

台湾圆通寺得道高僧广钦老和尚圆寂之前，徒弟和信众们请他做最后一次说法，他平静地说出：“没来没去，总无事情。”人生要能够如此没有遗憾，的确不是件容易的事（林清文，2000）。

从这些描述中可以看到生涯规划的两个要素：一是什么时间，即生涯的广度；二是什么事情，即生涯的深度。简言之，生涯规划即想好什么时间做什么事情。

给生涯规划作个简单的比喻。生涯规划好比是在串项链，在串起它之前，首先要考虑你想得到什么样的项链：银的、翡翠的、珍珠的、石头的、贝壳的，还是五彩斑斓各种材质都有的，类似确定“生涯目标”。继而开始串，什么地方串什么样的珠子，要心中有数。这“什么地方”，好似生涯规划的时间点；“什么样的珠子”，便是每个时间点上要完成的事情。于是，在项链的“纲”上，用一个个“目”去填充它，纲举目张，项链在握，这便是生涯规划了。

当然，这样的描述过于简单，因为生涯规划中的每个点绝不仅仅是一颗“珠子”那么简单，而是立体的、有层次的概念，下面就来谈谈“生涯角色”。

2. 生涯角色

“角色”一词的本意是面具，“穿什么戏服，做什么戏”。戏台上的红脸是夜读春秋的忠义关公、白脸是挟天子以令诸侯的奸雄曹操、黑脸是率直的张飞……在评剧圈中曾有一个“直呼直行”的术语，换成白话就是“演什么像什么”。

人生就是舞台，我们一辈子都在做人做事，也一辈子都在扮演各种角色。

舒珀（1985）曾将不同的生涯角色归纳为儿童（子女）、学生、休闲者、公民、工作者、配偶、家务者、父母亲和退休者等九种。有些时期我们只有单一的角色，有些时期则可能同时拥有多种角色，如在校的大学生，兼具子女、学生、公民等身份。

以角色的观点来说，我们要完成某些自己认定或他人期许的事情，其实也就是要去扮演和这些事情有关的角色。例如“学生要用功读书”、“母亲要哺育抚养子女”等。因此，角色是处于一定社会地位的个体，依据社会客观期望，借助自己的主观努力适应社会环境所表现出来的行为模式。一生中，我们不断在理解、厘清和重新诠释角色的内涵和准则。

生涯与整体的生活有关，因而应该与全部的生活角色有关，具有“全人”的色彩，而不应只有单一角色或狭窄目标的追寻。所以在生涯规划的过程中，生涯角色的选择、调配与权衡即是首先要面对的课题。

3. 角色人生的规划

林清文对“角色人生的实现”是这样描述的：（1）找到自己的人生价值，调配各种角色的分量比重。这辈子，什么“东西”最值得自己追求。（2）演什么像什么，演活自己的每一个角色。看看我的造型（条件）和环境配不配。（3）允许发问与学习，累积更多角色扮演的知识。学会统整学习——以统整带领学习，以统整肯定学习。（4）融入场景，和角色对手一起入戏。寻求通力合作的人际关系。（5）与时并进，准备迎接新角色的到来。三十而立、四十而不惑……没有人一辈子在相同的场景中扮演相同的角色。（6）无人处，跳出戏台，看自己在演什么戏。回首来时，也无风雨也无晴。

一生中，我们会对各种角色付出的精力以及实施的时间顺序作一个规划。具体来讲，需要规划三个问题：其一，一生中会扮演哪些角色。人生有些角色是传承的，必须担当的，如子女；而更多的角色是可以选择的，如职业角色，甚至父母的角色也是可以选择的。其二，在生涯的哪个时段扮演哪种角色。有人选择20出头就当了父亲或母亲，而有人可能在30多岁再扮演这样的角色。其三，每种角色要达到何种目标，投注多少精力，延续多长时间。这三个问题可以借助舒珀的“生涯彩虹”（如图9－1）来说明。

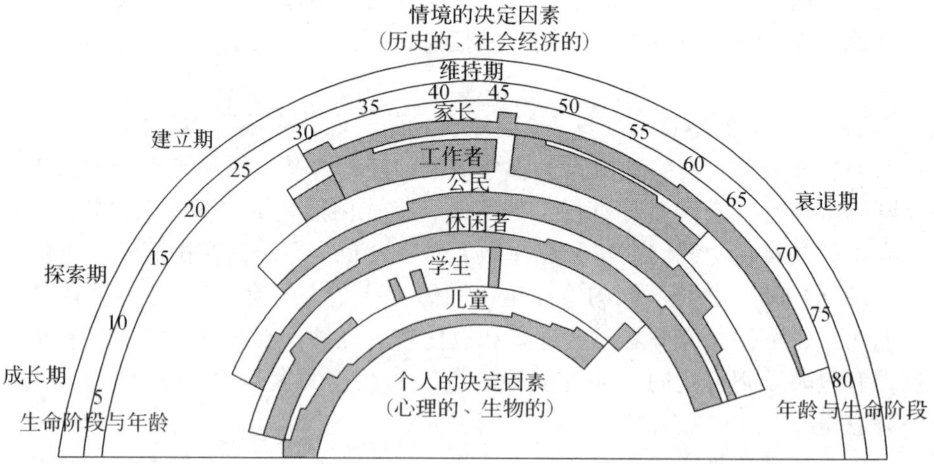

图9－1 生涯彩虹图（Super，1980）

舒珀认为，人生的整体发展是由时间、领域和投入程度决定的，即生涯包括时间、领域和投入程度三个层面。

（1）时间层面

生涯的时间层面，按人的年龄和生命历程划分为成长、探索、建立、维持和衰退五个阶段。

（2）领域层面

生涯的领域层面或者范围层面，英文为 breadth 或 scope，是指一个人终生所扮演的各种不同角色，如上文提到的儿童（子女）、学生、休闲者、公民、工作者、配偶、家务者、父母亲和退休者等九种角色。图 9－1 的生涯彩虹图未将退休者列入；配偶、家务者、父母亲等角色并入家长一类中。

（3）深度层面

这里的深度即生涯的投入程度，是指一个人在扮演每一个角色时所要达到的目标和投入的程度（生涯图中用阴影表示）。

生涯彩虹图说明了人生各个角色的投入程度随着时间的变化而发生一般性变化。它给我们提供了一个框架和思考机会，即在一生中要对各种生涯角色进行选择、调配与权衡。

谈生涯规划，会将相当的笔墨放在职业角色的讨论与规划上。主要有两点原因：一是职业角色对生涯其他角色的影响是巨大的。一方面，人生很多需求的实现依赖于职业生涯的发展状况，职业角色往往提供着其他角色的经济来源，甚至可能决定其他角色的空间。另一方面，职业角色占据着重要的时间比例，决定着生涯的时间结构。从总量上讲，人生重要阶段（20—65 岁）中可利用时段的 70%以上都在职业活动中；从时间配置上讲，其他角色的活动时间往往需要服从于职业角色。选择了什么职业，往往就选择了什么样的生活方式。二是相对于一些传承的角色（如子女）或相对的角色（如配偶），职业角色有相当的主动性和意志性。

4．职业生涯规划

职业生涯规划指个人在生涯发展历程中，对自身的各种特质，以及职业与教育环境资料进行生涯探索，掌握环境资源，以逐渐发展个人的生涯认同，并建立生涯目标；在面对各种生涯选择事件时，针对各种生涯资料和机会进行生涯评估，以形成生涯选择或生涯决定；进而以择其所爱、爱其所择的心情进行生涯选择，承担生涯角色，以达到生涯适应和自我实现。

美国伊利诺伊大学教授斯温（Swain）指出了职业生涯规划鼎足而立的“金三角”（见图 9－2）：第一，对个人的自我探索；第二，对职业与教育资料的探索；第三，对环境资源的评估与掌握。

林清文和斯温都提到了职业生涯规划的三个要素，即对自我的认识，对教育、职业资料的认识，以及对环境的认识。其中对自我的认识包括了解个人所追求的生活方式，了解自己的兴趣、能力、价值观、性格等；对职业与教育资料的探索包括对职业讯息的了解、对工作世界的认识等；对环境资源的掌握包括父

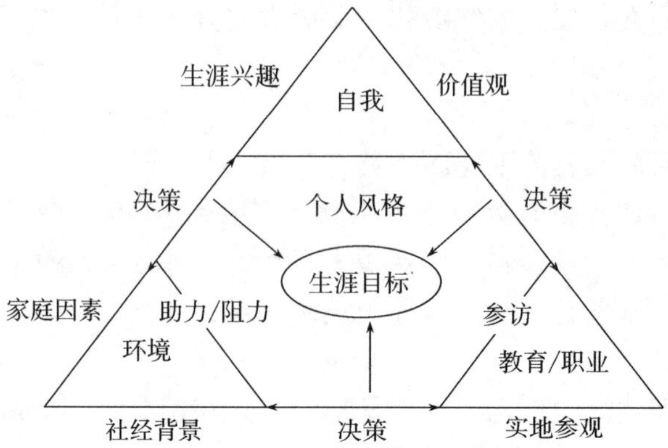

图 9－2 生涯规划的三角模式

母、家人、师长、朋友的期许和协助，社会资源的助力和阻力等。

不难看出，以上概念是一个动态的概念，其实是职业规划及选择的影响因素。在整个职业生涯的不同阶段，所有影响因素都是不断发展变化的，职业生涯规划正是从一个平衡点（金三角）走向另一个平衡点（金三角）的过程。在这个过程中，个人要经过各方面因素的平衡，选择适合个人特点的专业、职业及具体的工作岗位，确定特定的职业期望，并形成相应的职业行为；在以后的生涯道路中，如果个人没有得到预期的结果，则会调整原来的设想，改变行为方式或期望值。因而，职业生涯规划是开放的动态的系统工程。

二、生涯规划的有关理论

（一）人—职匹配理论

人—职匹配理论即关于人的个性特征与职业性质一致的理论。其基本思想是：个体差异是普遍存在的，每个个体都有自己的个性特征，而每一种职业由于其工作性质、环境、条件、方式的不同，对工作者的能力、知识、技能、性格、气质等心理特质有不同的要求。进行职业选择时，就要根据一个人的个性特征来选择与之相对应的职业种类，即进行人—职匹配。

1．特质—因素理论

特质—因素论（trait - factor theory）的渊源可追溯到 18 世纪的心理学研究，直接建立在帕森斯（Parsons）关于职业指导三要素的思想之上。

特质—因素论认为个别差异现象普遍地存在于个人心理与行为中，每个人都具有自己独特的能力模式和人格特质，而某种能力模式及人格特质又与某些特定职业存在着相关，都有其相适应的职业。帕森斯提出职业指导由三步（要素）组成。

第一步是评价个人的生理和心理特点。如获得个人的身体状况、兴趣爱好、能力倾向、气质性格、家庭背景、学业成绩、工作经历等方面的资料，并对这些资料进行评价。

第二步是分析各种职业对人的要求，向个人提供有关的职业信息。如职业的性质、工资待遇、工作条件以及晋升的可能性；求职的最低条件；为准备就业而设置的教育课程计划以及提供这种训练的教育机构、学习年限、入学资格和费用等；就业机会。

第三步是进行人—职匹配。在了解自身特性和职业各项指标的基础上，进行比较分析，以便选择一种适合个人特点的职业。

总之，特质—因素理论强调个人所具有的特性与职业所需要的素质与技能之间的协调和匹配。

2. 霍兰德人格类型理论

美国生涯辅导学者霍兰德（J. Holland）提出了结构互动观点，其基本观点包括：（1）职业选择是其人格的表现，而非随意的事件（虽然环境也有其影响）；（2）相同职业的从业者群体具有相似的人格类型和个人发展史；（3）相同职业的从业群体具有相似的人格类型，所以在多数的情境里会有相似的反应方式；（4）职业成就、稳定性和满意度根植于人格特质与工作环境的符合程度。

在现实生活中，我们的确可以发现相同职业的从业者有相似的人格类型和反应方式，如木匠手艺灵巧，律师能言善辩，演员表现欲强，店员善于游说，会计计算精确，等等。

霍兰德假定大多数人可以归为六种人格类型之一：现实型、研究型、艺术型、社会型、经营型和事务型。各人格类型有其相应的人格特质、兴趣和价值观；而与人格类型相应的职业世界，也可以归纳为六种职业类型。人们寻求足以发展其能力、展现其人格特质与价值观的环境。

（二）生涯发展理论

1. 金兹伯格的生涯发展理论

金兹伯格（E. Ginzberg）认为职业发展是长期的过程，可以分成三个时期：幻想期、尝试期和现实期（见图 9－3）。

- 幻想期
- 尝试期
  - 兴趣阶段
  - 能力阶段
  - 价值阶段
  - 过渡阶段
- 现实期
  - 探索阶段
  - 固化阶段
  - 明确阶段

图 9－3 金兹伯格的职业发展阶段

幻想期。儿童在游戏中根据所见到成人的表现来扮演职业角色，儿童可以不考虑现实的能力和潜质，仅为了高兴而在游戏中当著名运动员、天文学家、影视明星、牛仔等。

尝试期。又可分为兴趣、能力、价值和过渡四个阶段。意识到喜欢某些东西、不喜欢某些东西时，兴趣阶段就开始了。发现某些事情做得比别人都好，就进入了能力阶段。觉得某些东西对你比对别人更为重要，价值阶段就出现了。过渡阶段时你变得更加自信、更有职业意识，继而进入现实期。

现实期的探索阶段始于刚刚进入大学或开始全职工作、探索几种不同职业时，这时可能还不需要选定一种职业。下一阶段是固化阶段，选定了主修专业或某个职业方向。最后是明确阶段，在研究生院专攻某个学科或选择了特定的工作。有些人很早就选定了职业从而不再改变，也有许多人确定职业模式前换过很多职业，有些人则从未完成过这个过程，从未确定自己的职业模式。

2. 舒珀的生涯发展理论

舒珀把人的职业发展过程分为五个阶段（见表9－1、图9－4）。

（1）成长阶段（出生—14岁）

经过家庭、学校中重要人物的认同，开始发展自我概念；需要与幻想为这一时期最主要的特质。主要任务是发展自我形象，发展对工作世界的正确态度，并了解工作的意义。此阶段又可细分为幻想期、兴趣期、能力期三个从属期。

①幻想期（4—10岁），此时对职业的想法主要是幻想。

②兴趣期（11—12岁），对职业的考虑主要是出于个人好恶。

③能力期（13—14岁），开始考虑能力和职业要求。

（2）探索阶段（15—24岁）

逐渐意识到职业将成为生活的主要组成部分，开始在学校里进行初步的职业尝试，做兼职工作，参与职业活动。主要任务是将职业偏好逐渐具体化、特殊化，并实现职业偏好。此阶段又细分为三个从属期。

①试探期（15—17岁），通过想象、讨论、课程及工作等方式全面考虑需要、兴趣、能力、价值观及谋职机会，据此进行试探性的职业选择。

②过渡期（18—21岁），进入人才市场或寻求深造的机会，着重现实的考虑，并企图实现自我。

③试验并稍作承诺期（22—24岁），生涯初定，尝试其成为长期职业生活的可能性，若不适应则可能重新确定方向。

（3）确立阶段（25—44岁）

对选定的职业进行尝试，逐步稳定，希望确立自己长期的定位。主要任务是调整、稳定并求上进。此阶段可细分为两个从属期。

①试验—承诺稳定期（25—30岁），这期间可能有一两次职业变动，但职业

选择的决心已更为坚定。

②建立期（31—44 岁），随着职业模式变得清晰起来，致力于工作上的稳定；对许多人来说，这是一个最具创意和迅速成长的时期。

（4）维持阶段（45—64 岁）

在工作中已经取得了一定的成绩和社会地位，主要任务在于维持并提升既有成就与地位。

（5）衰退阶段（65 岁以后）

身心状况衰退，原工作停止，发展新的角色，寻求不同方式以满足需要。主要任务是减速、解脱、退休。

表 9－1　舒珀的职业发展阶段

阶段	a b c 成长	a b c 探索	a b 确立	维持	a b 衰退
时期	a. 幻想	a. 试探	a. 试验—承诺稳定		a. 减速
	b. 兴趣	b. 过渡	b. 建立		b. 退休
	c. 能力	c. 试验并稍作承诺			

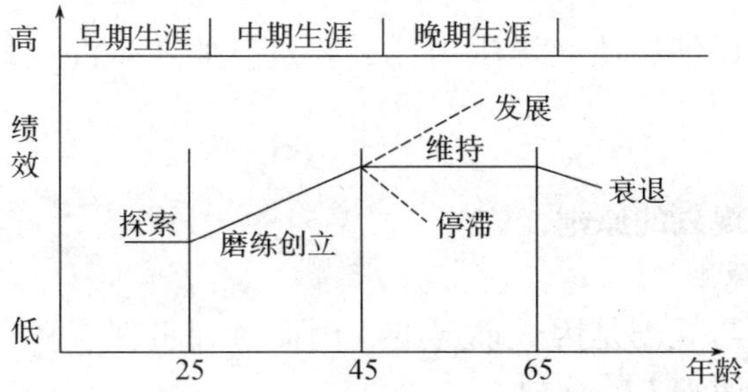

图 9－4　舒珀的职业发展阶段

从职业生涯发展阶段可以看出，大学生正处在职业生涯探索阶段和生涯确立阶段的转换期，主要任务是透过职业生涯探索的历程，增进生涯意识，并逐渐理清自己的发展方向，以完成具体的生涯计划和准备。在这两个时期，大学生的能力迅速提高，职业兴趣趋于稳定，逐步形成了对未来职业生涯的预期。

以上介绍了人—职匹配理论（特质—因素论、人格类型论）和生涯发展理论。人—职匹配理论给我们的启示是无论求学还是求职，都要量体裁衣，寻求与自身匹配的职业环境；而生涯发展理论指出了职业发展是贯穿人一生的概念，使我们有了持续发展的观念。如果说人—职匹配理论是从静态的角度来谈人生某个点上的职业选择，那么生涯发展理论则是从动态的角度来纵观人一生的职业发展。

同时，生涯发展理论也指出了人生每个阶段的发展任务，在此基础上可以将大学生生涯发展任务简单归纳为：

1. 生涯自主与责任意识；
2. 系统性的自我探索；
3. 发展暂定生涯目标；
4. 以暂定生涯目标为主进行生涯探索；
5. 收集教育职业资料；
6. 整合个人特质与教育职业的关系；
7. 从环境资源检视暂定生涯目标的可行性；
8. 形成生涯决策；
9. 制定在校期间的短期目标；
10. 增进生涯回馈与评估的能力。

第二节　大学生职业生涯规划

大学里流传这样一句话："大一不知道自己不知道，大二知道自己不知道，大三不知道自己知道，大四知道自己知道了。"到大四才"知道自己知道了"，是不是有些晚了呢？

这一节我们来详细谈谈大学生为什么要进行职业生涯规划以及规划的具体方法。

一、职业生涯规划的原则

（一）个性化原则

职业生涯目标与规划是因人而异的，因而每一步都应从自己的实际情况出发，不可一味地参照别人的计划。

个性化是职业生涯规划最重要的特征，是由个体兴趣、价值观、能力、思维方式、行为方式等方面的差异性决定的。

（二）开放性原则

个人是职业生涯规划的主要角色，但并不意味着由个人闭门造车、独自完成，也不意味着职业生涯规划必须要一次完成，终生不变。职业生涯规划的开放性要求个人与外界环境尽可能多地交换信息，与上级、平级、下级、朋友、家人、职业顾问等交换意见，听取建议，并充分利用测评工具测评职业潜能。在评价职业生涯规划的结果时也应该进行全过程和全方位的评价，纵横结合。

（三）时间坐标原则

规划中的每一个目标都要有两个时间坐标，一个时间坐标是开始的时间，即什么时候开始实现这个目标的行动，另一个坐标是预期的实现时间。职业生涯规划的内容与完成必须分解为有明确时间坐标的里程碑，没有明确时间规定将失去意义。

区别职业生涯规划上写的是美好愿望还是目标，要看有没有时间坐标。“我想过美好的生活”不是目标，只是美好的愿望；“我想当企业家”是职业方向；“我从今天开始努力，用五年时间成为优秀的人力资源经理”，这才是一个目标。

（四）利益结合原则

在进行个人职业生涯规划时，还要遵循利益结合原则，即将个人发展、组织发展甚至社会的发展结合起来考虑。

二、生涯规划的任务

（一）明确目标和方向

中国古语云：“凡事预则立，不预则废。”又云：“运筹帷幄，决胜于千里之外。”这些都是讲计划、计谋的重要性，生涯规划也不例外。尤其是即将走出校园的大学生，人生一小步的偏离往往会导致大相径庭的结果，因此怎样走好第一步显得尤为重要。

生涯规划中有两个重要的步骤都涉及目标的确定，一是生涯的目标，二是各个角色的目标。设立目标和方向，好比罗盘指针在被磁化之前所指的方向是不确定的，但是指针被磁化具有特殊属性之后，它们就会永远指向北方，忠实于两极了。同样，树立大的方向后，无论迈出的是哪一步，都是朝着这个大方向、指向目标的。正像西方有一句谚语所说的：“如果你不知道自己要到哪儿去，那通常你哪儿也去不了。”

（二）减少路径依赖

2004 年 4 月，由北森测评网、新浪网与《中国大学生就业》杂志三家机构共同发起“当代大学生第一份工作现状调查”，结果显示：50% 的大学生选择工作一年内更换工作；近 75% 的大学生会在两年内更换工作；33% 的大学生“先就业后择业”，第一份工作仅仅是由学校到社会的跳板；16. 3% 的大学生“没有太多考虑”就“跟着感觉走”地选择了第一份工作。

走出大学校门的第一份工作是非常重要的。许多没有进行生涯规划的大学生抱着“走一步算一步”和“骑驴找马”的心态开始了职业旅程，结果懵懵懂懂地踏入某个职业领域，产生了“路径依赖”。

一旦选择进入某一路径就可能对这种路径产生依赖。某一路径的既定方向会在以后的发展中得到自我强化。也就是说，人们过去作出的选择决定了他们现在及未来可能的选择。好的路径会起到正反馈的作用，进入良性循环；不好的路径起到负反馈的作用，就如恶性循环，可能会被锁定在某种低迷的状态下。

（三）降低机会成本

抱着走一步算一步的心态，往往也会陷入“机会成本”的泥潭。选择做一件事，必然会放弃另一件，那个被放弃的事所带来的收益就是机会成本。

职业生涯的发展有如爬树一样，一旦发现树上所结的果实并非自己所需或上面的枝干已经腐朽时，唯一的选择就是退下来，换一棵树或者朝另一个方向继续爬。在旧树干上爬得越高的人，退下来的难度也就越大，而且越是等待观望，所付出的代价就越大。

进行规划，会让人对己对彼知道得更加清晰，甚至可以用望远镜看看“树”的顶端有没有自己想要的东西，作出正确的选择，降低个人的成本。即使爬上去再退下来，也会有充分的理由和准备，进行下一段旅程。

职业生涯规划如此重要，我们花一点时间来思考这个问题着实不为过。每个人的明天都是自己选择的结果，有谁希望老来一把鼻涕一把泪地诉说此生的种种遗憾呢？要把职业生涯规划作为我们职业发展任务的一部分，边走边想，且行且歌。

记住：没有人会为我们的将来负责，除了我们自己。

三、生涯规划的步骤

（一）生涯目标的体认

你想要怎样的人生呢？这个问题在本章开头就抛给了大家。按舒珀所说的九种生涯角色来思考，画出自己的生涯彩虹图。

目标对人有激励和暗示的作用。心理学中有个“皮格马利翁效应”，来源于古希腊的神话：传说古希腊塞浦路斯岛有一位年轻的王子，名叫皮格马利翁，他酷爱艺术，擅长雕塑，有一天通过自己的努力，雕成了一尊女神像。对于自己的得意之作，他爱不释手，整天含情脉脉地注视着。天长日久，女神像神奇般地活了过来，并乐意做他的妻子。

这个故事蕴涵了一个深刻的哲理：期待和信仰是一种力量，只要你相信，就可以实现！

那么，怎样寻找目标呢？有人说“目标就是有期限的梦想”。“目标”藏在梦想之中，当我们无法确定自己需要什么时，最简单的方法就是跟着梦想走。梦想如此模糊，如此飘忽不定，但是这种模糊和游移的感觉才是我们内心真实的东西。通过以下几个步骤可以帮助你探寻自己的梦想，看看是什么在潜意识中召唤和吸引着你。

1. 将自己所有曾经梦想过的东西和事情写出来；
2. 将这些梦想按时间排序；
3. 将这些梦想按强烈程度排序；

4. 找出那些持续时间最长、程度最强烈的梦想。

看一看，这些梦想之间是否有某种同一性贯穿着，找到这种同一性，就能找到藏在自己潜意识中的真实需求。

（二）职业选择与决策

通过自我评估、职业评估、环境评估，我们对于暂定的生涯目标已经有了相当程度的探索和了解，也了解到家人或朋友的意见和看法，而接下来需要在暂定的目标中选定少数的几个，即在几个目标中有所取舍。

14 世纪法国哲学家布利丹曾经讲过一个哲学故事：一头毛驴站在两堆数量、质量和它的距离完全相等的干草之间。它虽然享有充分的选择自由，但由于两堆干草价值绝对相等，客观上无法分辨优劣，也就无法分清究竟选择哪一堆好。于是它始终站在原地不能举步，结果活活饿死。

人的痛苦往往不是因为没有选择，而是选择太多。能力越强的人选择的余地就越大，可若是没有放弃的能力，也就很难得到自己想得到的。

世界著名男高音歌唱家帕瓦罗蒂的父亲曾对他说："如果你想要同时坐在两把椅子上，你可能会从椅子中间掉下去，生活要求你只能选一把椅子坐上去。"

选择生涯目标当然比选择干草和椅子难得多，有时候一小步的偏差都会带来不同的人生结果。那么，如何从若干个生涯方案中选定一个呢？我们这里给出一些简单的方法供大家参考。

首先，还是要把个人特质、职业世界和环境资源连接起来。也就是说，职业资料的探索和环境的分析不应仅止于"是什么"，更要进一步思考"与我有什么关系"、"适合我的特质和条件吗"等问题，不断地进行厘清和剖析。重要的不是我们拥有了什么，而是我们如何看待自己的"拥有"。

其次，在这里介绍两种选择决策的方法。

1. 期望效用方法

$$EU = E \cdot V$$

EU：期望效用

V：效用值，表示该因素对于主体的价值，即选择主体的人对该因素的重视程度

E：预期值，表示实现该职业选择的概率

期望效用理论认为应该选择期望效用值总和最大的那个方案，以下是一个例子。

某同学要在数学老师与工程师两个职业之间选择其一，他使用期望效用方法进行了以下分析（见表 9－2）。

表 9－2　某同学的期望效用分析

考虑因素	效用值 *V*（1—10）	预期值 *E*（0—1）		期望效用 *EU*	
		教师	工程师	教师	工程师
工作安全	9	1.0	0.8	9.0	7.2
收入	10	0.4	1.0	4.0	10.0
地位	6	0.5	0.7	3.0	4.2
地理迁徙	6	1.0	0.9	6.0	5.4
工作挑战	7	0.4	0.8	2.8	5.6
休闲时间	4	1.0	0.4	4.0	1.6
家人相处	7	1.0	0.4	7.0	2.8

EU(教师) $=9.0+4.0+3.0+6.0+2.8+4.0+7.0=35.8$

EU(工程师) $=7.2+10.0+4.2+5.4+5.6+1.6+2.8=36.8$

对于该同学来说，期望效用值总和较大的是“工程师”，所以较有利的选择是工程师。

2. 平衡单方法

平衡单的细目表包括以下几方面内容。

（1）个人物质方面的得失：收入、工作的难度、升迁的机会、工作环境的安全、休闲时间、生活变化、对健康的影响、就业机会等。

（2）他人（父母、师长、配偶等）物质方面的得失：家庭经济、家庭地位、与家人相处的时间等。

（3）个人精神方面的得失：生活方式的改变、成就感、自我实现的程度、兴趣的满足、挑战性、社会声望的提高等。

（4）他人（父母、师长、配偶等）精神方面的得失：成就感、自豪感、依赖等。

平衡单的加权计分：“＋”、“－”号分别代表得与失，对于每一个考虑因素，均可以数值（1—10）的大小代表得失的程度。算出各职业选择的总分后得到其中得分最高的一个（见表 9－3）。

表9-3 平衡单分析法

选择项目 / 加权分 / 考虑	职业选择一 ( )		职业选择二 ( )		职业选择三 ( )	
	+	-	+	-	+	-
个人物质方面的得失						
他人物质方面的得失						
个人精神方面的得失						
他人精神方面的得失						
总分						

第三节 大学生职业生涯评估

一、自我评估

“认识你自己”，这是镌刻在古希腊戴尔菲阿波罗神庙墙上的一句箴言，是古希腊哲学里的一个重要命题。人对自己的思考，标志着人类自我意识的觉醒。同样，职业生涯规划也要从自我认识开始。

这里要谈到职业生涯规划中一个非常重要的理念：适合的才是最好的。

同学们常常会问：什么专业“冷”、什么专业“热”？什么专业将来好找工作？其实，专业、职业的冷与热都是相对的，会受到偶然因素的影响。例如，20世纪90年代初十分火热的IT业受到亚洲金融危机的影响而在21世纪初遭遇滑坡，而不温不火的心理学专业近年来因为轰动全国的恶性事件而受到重视。从中可以看出，如果仅仅凭借外在的标准来进行生涯选择，难免会受“偶然”因素的影响而相当被动，结果还可能与预期的大相径庭。相反，如果选择时首先考虑自己的需要、兴趣、能力、性格等个人特质，寻找与之相匹配的专业或职业，那么就会有“不管风吹浪打，胜似闲庭信步”的气概和主动性，学习和工作也会有源源不断的动力，游刃有余。我们相信，无论有没有金融危机或恶性事件的影响，真正热衷并擅长计算机或心理学的同学都会有一个较好的长远发展态势。

无论在别人眼里如何，鞋穿在脚上舒不舒服只有自己最清楚；“定位”的概念在于不能太高，也不能太低，而是合适的“卡位”，正所谓“适合的才是最好的”。这个理念的理论基础正是人—职匹配理论，人只有选择跟自己相匹配和适宜的环境，才会“自在圆满”。

要想达到“适合的”，前提是要了解自己。无论恋爱还是事业，只有了解了自己的特质和期望，才能谈到“般配”。兵家说“知己知彼，百战不殆”，生涯规划中，“知己”指的是对自我的评估，“知彼”指对职业世界以及环境资源的评估。

自我评估是对自己进行全面、深入的分析和探索，要“左看、右看、上看、下看”，借用人力资源领域的话，就是“360 度”看自己。对自我的评估可以包括以下五大方面（见图 9－5）：表显自我（年龄、性别、外貌等）；发展自我（专业、成绩、学校、经验等）；动力自我（需要、价值观、兴趣等）；个性自我（气质、能力、性格等）；品德自我（忠诚度、责任感、进取心等）。

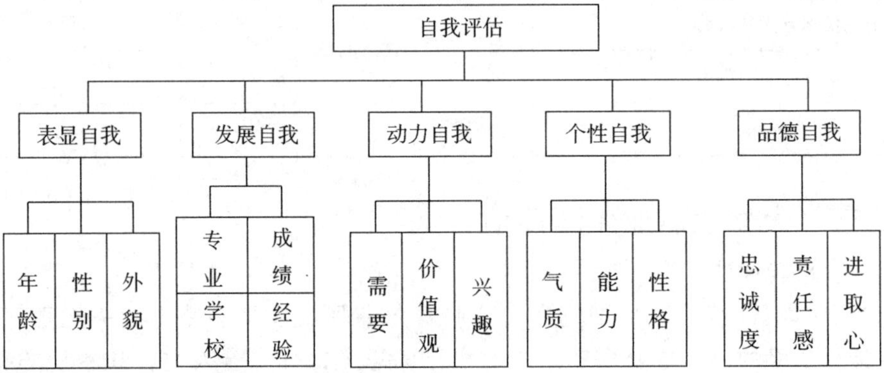

图 9－5　自我评估结构图

表显自我是人们可以直观看到的因素，最为凸显。发展自我是个人发展现有的“硬件”基础，如专业、毕业学校、学历等，较容易获得。动力自我、个性自我、品德自我是与生涯发展有关的心理因素，代表了个人内在的职业特质，比较深层和隐蔽，需要借助一些心理学的方法才能够不断了解和澄清。其中动力自我和个性自我是决定人—职匹配最核心的心理因素。

二、职业评估

这里所说的职业评估包括了对于教育和职业资料的探索和评价。

回想一下，当年考大学的时候，你是怎样作选择的呢？有没有对你将要报考的这所学校及专业进行一番详细的打探呢？

我们的经验往往是：抱着一叠招生考试报和一本往年录取分数汇编，“想当然”地挑大学，“顾名思义”地选专业。结果如何？我们来看两个真实例子：

某同学，身处边远山区，信息闭塞，高考填志愿时老师没有介绍任何专业，他与同学只能以抓阄的方式来选择。所幸，挑了一个尚能学得下去的专业，但是一路走来懵懵懂懂，没有想过将来干什么，倒是一直为要不要考英语六级、雅思、计算机二级等问题纠结，很苦恼。

另一同学，非常讨厌数学而热衷于计算机，高考时想当然地认为“信息与计算科学专业”是搞计算机的，踌躇满志地报了志愿，后来才知道该专业与数学联系更紧，四年都要与数学打交道，失去了调专业的机会后，他就彻底地自暴自弃了。

还有许许多多的同学跟他们一样，当初选择上大学时根本不了解现在的学校和专业，以至于后来要么茫然不知所措，要么追悔莫及，蹉跎了岁月。当自己再一次作重大选择时，是不是该透彻地了解选择对象并深入思考一番呢？有一句话：“选择正确的事情做，比把事情做正确更重要。”

考研的同学，应试着去了解待考的学校和专业，该学科领域中各学校的特色、实力水平、导师的研究方向等。很多同学在选择学校时想当然地认为“名校”就好，但其实各个学校都有品牌专业，一些处于学科前沿的研究团队可能“养在深闺人未识”。所谓“外行看热闹，内行看门道”，如果不深入去做一番细致的调研，恐怕永远都是镜中观花、水中望月。还有很多同学将大部分精力放在备考上，舍不得花时间来了解学校和专业，本末倒置地追求了“考研”的过程，而忽略了其实最应关注的结果。

打算出国留学的同学更是如此，国内的信息尚容易获得，但是国外的学校天高路远，我们去看，好似架一架天文望远镜看外太空，何其浩渺和繁杂。纵使千头万绪，也要理出线索，多架一些望远镜，学校、专业、导师一一看过来。在国外的师兄师姐是相当宝贵的资源，不妨多讨教。

对于求职的同学，从小有着朦胧的职业概念，“医生是拿听诊器的”、“教师是戴眼镜的”、“白领、律师是西装革履的”，这些只是个别职业的外在特征，其实远远不够。职业世界到底如何？护士和记者这两个职业的关键点在哪里？同学们对这些问题可能并不了解。据外国学者（Gati，2000）的调查，护士这一职业的关键点在于“轮班”，而记者的关键点在于不固定的工作时间和较强的语言表达能力，这是工作类型和要求的问题，它可能影响着我们整个生活的方式。关于职业的信息和内容还有很多，作为我们扩展生涯资源的起点，作为可能“从一而终”的对象，是应该通过各种途径去打听清楚的，最好能建立、保持与相关从业人员的联系，除了了解客观信息外，还要了解在职者的主观感受。

综上所述，我们获得教育、职业资料的途径有：1. 从各种书籍、杂志、媒体中取得静态的、客观的一般性资料；2. 从对资深从业人员的访谈之中，得到个别的主观经验；3. 从职场的实地参观之中，形成个人的第一手体验。更可以综合上述三种途径，完整获得目标职业的主、客观资料。

图 9 - 6 给出了需要了解的教育、职业资料的大概框架，对照该图看看你是不是都想到了。

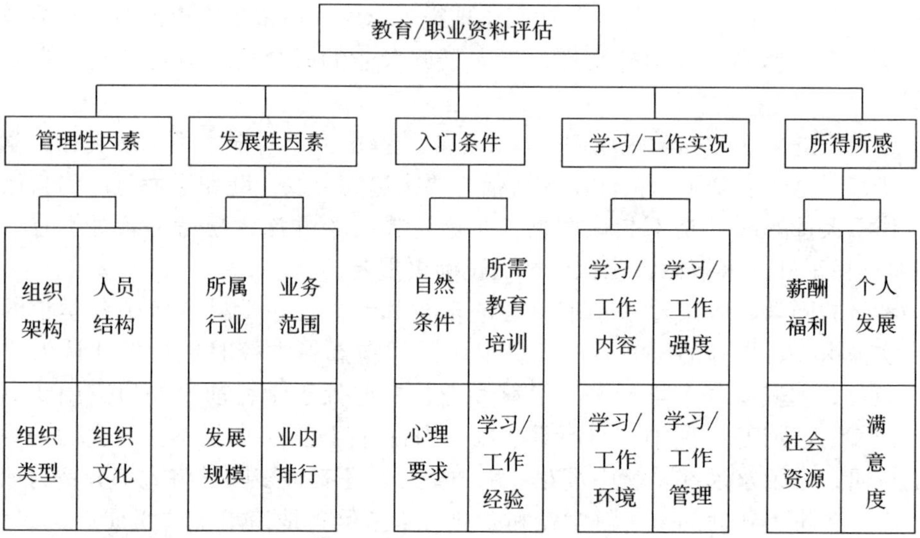

图 9－6　职业评估结构图

三、环境评估

应该说生涯选择的每一步都是职业期望逐渐清晰的过程。经过自我评估，你的头脑中会跳出一些意向性的专业或职业，继而将这些备选项放到职业评估的显微镜下进行剖析，分析意向性专业或职业的特质与个人的匹配程度，排除明显不适合的，形成一些暂定的生涯目标。

因此，生涯选择与规划的过程其实是一个层层筛选与排除的过程，所谓“吹尽狂沙始到金”。

想一想当初挑选大学和专业时，父母曾经说了哪些话，或者作了哪些表示，让你印象深刻，甚至形成了今天的选择？

也许，家里有人是当老师的，他们说当老师生活安定又受人尊敬，很适合女孩子，所以你选择了师范专业；有人想家里也没什么人脉资源，走公职路线较稳定，而且不必靠别人，所以你决定考公务员；又有朋友当医生，抱怨医生非常辛苦，所以反对你去读医科……这些都是影响职业生涯目标的参考，也就是我们的环境资源所在。

思考“环境”对生涯选择的影响，可以将其分为“家庭”和“社会”两个层面。家庭层面的因素通常包括家庭经济状况、人际资源、父母意见、其他家人意见等；社会层面的因素包括政治制度、经济发展、社会声望、大众传媒、性别认同、重要他人意见等。

接着，我们可以就家庭和社会两个向度检视各个暂定生涯目标的可达成性，即检视家庭与社会因素对各暂定生涯目标的可能阻力和助力（见表 9－4），这有助于增加生涯思考的现实性。

表 9-4　暂定生涯目标的“环境”力场分析

暂定生涯目标 / 影响因素	目标一		目标二		目标三	
	助力	阻力	助力	阻力	助力	阻力
家庭与亲戚 家庭经济状况 人际资源 父母意见 其他家人意见						
社会与文化 政治制度 经济发展 社会声望 大众传媒 性别认同 重要他人意见						

可能每个目标经过分析之后，都有或多或少的助力和阻力，而不是全有或全无。以某同学选择“省重点中学教师”这个目标为例，除了社会地位较高、人脉资源广、薪资高、家人支持的助力之外，工作负担重、竞争激烈、不能有太多的时间照顾家里人等都是客观的阻力，有待进一步加以克服和解决。

通过助力与阻力的分析，一方面可以为目标达成排出一个先后次序；另一方面可以找到并且扩展助力，同时认真思考如何减少阻力。例如，刚刚提到的那个同学，有一位亲戚在一家私立中学当校长，这算不算是环境资源的助力？当然可以算，但如果他和这位亲戚之间没有形成联系的话，那就不是环境资源的助力。同样，许多大学生都有毕业后事业有成的学长，如果学长不认识你，你不认识学长，那学长对你在生涯目标的实现上就不太可能有所帮助。

我们常说“谋事在人，成事在天”，很多时候，其实是我们不愿意将环境资源的助力与阻力思考清楚，而将之归诸于“天”。如果我们能够用心地探索这些环境资源的助力与阻力，或许在生涯规划上，不可知、不可努力的“天”的部分会少一些，而可知、可努力的“人”的成分会多一些。

第四节　大学生职业生涯规划实务

想象一下，你手里有一张足够大的白纸。现在，你的任务是把它折叠51次。那么，它有多高？

一个冰箱、一层楼或者一栋摩天大厦那么高？

不是，差太多了，这个厚度超过了地球和太阳之间的距离！

被问到这个问题的人中，只有极个别人说，这可能是一个想象不到的高度，而其他人想到的最高高度也就是一栋摩天大厦那么高。

折叠 51 次的高度如此“恐怖”，但如果仅仅是将 51 张白纸叠在一起呢？

这个对比让不少人感到震撼。因为没有方向、缺乏规划的人生，就像是将 51 张白纸简单叠在一起。今天做做这个，明天做做那个，每次努力之间并没有一个联系。这样一来，哪怕每个工作都做得非常出色，它们对你的整个人生来说也不过是简单的叠加而已。

我们从幼儿园、小学、中学到大学，“一步一个脚印”，按部就班地走下来，很少有思索、喘息的机会。当然，这样的过程有“顺理成章”的意味。但是到了大学，许多同学“觉醒”了，对自己的未来责无旁贷又惶惶然起来，大学毕业时面对的分岔口众多、选择空间更大，接下来该何去何从？是考研、留学还是就业？如果考研，考本专业还是跨专业？就业的话从事什么行业？是去企业、政府机关还是教育机构？这些问题亟待解决。有的同学甚至在一二年级就确定了方向，以便尽早付诸行动。我们并不鼓励同学们太早定向，毕竟大学是打下知识、能力、个人素质等基础的重要阶段，应尽量广泛吸取各个方面的知识和信息。但是，一定要有生涯规划的意识。也许这种思考有时候给人带来焦虑和痛苦，但是你思考得越多、越清楚，就越能准确地进行职业定位，也能够成长得更快。

一、职业生涯设计

选定生涯目标后，还要考虑向哪一条路线发展，是行政管理路线、专业技术路线，还是市场营销路线，等等。如同样作为教师，有的人适合搞行政管理，成为一名优秀的教育管理者；有的人适合做研究，希望在某一领域成为专家，成为卓越的学者；还有的人擅长做技术，在技术领域或实验室建功立业。

职业发展路线明确下来，我们的生涯选择过程就告一段落了。

接下来是真正地在生涯的起点与终点之间切割我们的人生了。纵观今后几十年的生涯发展，在时间上作一个划分，为自己制定长期目标、中期目标、短期目标。一般长期目标为 10 年左右，中期目标为 5 年左右，短期目标为 1—5 年，再短期的目标又可分为年目标、月目标、周目标、日目标。

通常，职业目标的设定有五条原则，将这五条原则的第一个英文字母放在一起，正好可以组合成一个英文单词——SMART，即“灵活”。这五条原则分别是：specific，目标的明确性，即要明确描述出所需完成的行动方案，如 35 岁做到项目经理的位置；measurable，目标的可测量性，即目标应该是可以衡量的，要有定量数据，如数量、质量、时间等；achievable，目标的可实现性，即目标必须符合自己的主客观实际，以个人条件为转移，在可达到的范围之内；relevant，目标的相关性，即该目标要与个人职业发展的总体目标、人生目标相联系；time bounded，目标的时限性，即要在特定的时间内完成目标。

下面这个练习帮助你规划生涯发展：

1. 在纸上画一条线，线的起点代表着你现在所处的位置，终点代表着你退出职业生涯的时间，在起点和终点上标注出年龄。

2. 将这条线以10年为一个单位进行划分。

3. 在每个节点上画一条竖线，竖线上方标注你处于该节点的年龄，下方标出在该节点上你要达到的目标。

4. 在每两个节点之间写下为实现下一个目标，你需要在这段时间内完成的事情和所做的努力。这可能要参照相关行业的考核、评价依据和标准，如果不清楚的话不妨去作一番调查。

图9－7是一位大学教师的职业生涯发展规划。

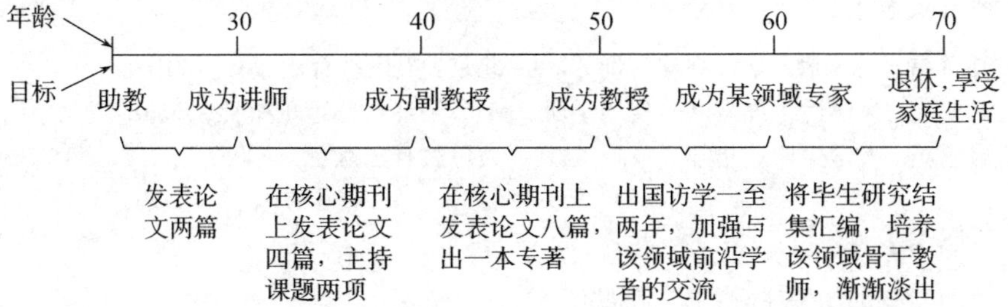

图9－7 某高校教师的职业生涯发展规划

二、生涯规划实施

这一步骤意味着将你的职业决策和规划付诸实施，包括参加教育实习、职前培训、积累工作经验、建立人际关系网、获取职业信息、培养职业所要求的品质等。

需要提醒的是，在每一次与职业有关的探索行动中都可以不断厘清自己的职业期望，比如这段经历我真的喜欢吗？这件事情我真的可以胜任么？问问自己的感觉。有的时候知道自己不喜欢或者不能胜任也是一种收获。总之，想得再多、规划得再好，都要落实到行动中，并且不断地反思完善。

三、评估与反馈

一开始就要知道，职业生涯规划并非一劳永逸，你对各种职业的喜好程度不会一成不变，新的信息也可能会改变你的职业生涯决策，反馈使我们的职业决策过程更为动态和开放。

你开始学习、工作后，会意识到自己对这项选择的情绪反应。如果你的个性特征跟专业或职业相吻合，那么你会感到满足、有成就感。能过一种满足自己内心需要的生活是快乐的最可靠源泉。随着收益（物质或精神的）、地位的变化，你会更加自信，继续在该领域寻求发展。而如果你总是觉得累，对学习或工作有较多厌倦、抵触、挫败等负面情绪和感受，那么就要好好反思自己的选择，并且要考虑是否修正你的职业规划。

反馈时不断问自己：我正在做的事情是我最想做的吗？我真的适合目前这个专业或职业吗？我能如期实现既定短、中、长期的职业目标吗？我是否将重心放在了最重要的地方？

所谓“往者不复，来者可追”。只有不断地评估、考量并进行调整，职业发展之路才能向着既定的目标不断前进。人们也能更加透彻地明白自己想要什么，在身处人生的各个十字路口、面对种种诱惑时怀着一份“也无风雨也无晴”的清澈与坦然。

【建议参考资料】

1. 郑日昌，陈永胜. 学校心理咨询［M］. 北京：人民教育出版社，2010.
2. 林清文. 大学生生涯发展与规划手册［M］. 台北：心理出版社，2000.
3. 顾雪英. 大学生职业指导［M］. 北京：人民教育出版社，2005.

【问题与思考】

1. 生涯规划的相关理论主要有哪些？
2. 大学生职业生涯规划的目的是什么？
3. 大学生职业生涯规划如何实施？
4. 结合你自己的情况，给自己制订职业生涯规划。

附录

教育部卫生部共青团中央关于进一步加强和改进大学生心理健康教育的意见

为贯彻落实《中共中央国务院关于进一步加强和改进大学生思想政治教育的意见》（中发〔2004〕16号）精神，现就进一步加强和改进大学生心理健康教育，切实做好心理咨询工作提出以下意见。

一、进一步明确大学生心理健康教育的总体要求

加强和改进大学生心理健康教育是新形势下全面贯彻党的教育方针、推进素质教育的重要举措，是促进大学生健康成长、培养高素质合格人才的重要途径，是加强和改进大学生思想政治教育的重要任务。

加强和改进大学生心理健康教育的总体要求是：以邓小平理论和“三个代表”重要思想为指导，遵循思想政治教育和大学生心理发展规律，开展心理健康教育，做好心理咨询工作，提高心理调节能力，培养良好心理品质，促进大学生思想道德素质、科学文化素质和身心健康素质协调发展。

加强和改进大学生心理健康教育的基本原则是：（1）坚持心理健康教育与思想教育相结合。既要帮助大学生优化心理素质，又要帮助大学生培养积极进取的人生态度。（2）坚持普及教育与个别咨询相结合。既要开展面向全体大学生的心理健康教育，更要根据不同情况，开展心理辅导和咨询工作。（3）坚持课堂教育与课外活动相结合。既要通过课堂教学传授心理健康知识，又要组织大学生参加陶冶情操、磨炼意志的课外文体活动，不断提高大学生心理健康水平。（4）坚持教育与自我教育相结合。既要充分发挥教师的教育引导作用，又要充分调动学生的积极性和主动性，增强大学生心理调适能力。（5）坚持解决心理问题与解决实际问题相结合。既要加强大学生心理健康教育，又要为大学生办实事办好事。

加强和改进大学生心理健康教育、做好心理咨询工作的主要任务是：（1）宣传普及心理健康知识，帮助大学生认识健康心理对成长成才的重要意义。（2）介绍增进心理健康的方法和途径，帮助大学生培养良好的心理品质和自尊、自爱、自律、自强的优良品格，有效开发心理潜能，培养创新精神。（3）解析心理现象，帮助大学生了解常见心理问题产生的主要原因及其表现，以科学的态度对待心理问题。（4）传授心理调适方法，帮助大学生消除心理困惑，增强克服困难、承受挫折的能力，珍爱生命、关心集体，悦纳自己、善待他人。

二、努力提高大学生心理健康教育和心理咨询工作水平

积极引导大学生保持健康向上的心理状态。要把心理健康教育融入到思想政治教育之中，开展深入细致的思想教育活动，做到“一把钥匙开一把锁”，化解矛盾，润物无声。要组织并引导大学生参加丰富多彩、形式多样的校园文化和社会实践活动，陶冶大学生高尚情操，促进其全面发展。通过各种活动，加强大学生思想、感情上的交流与沟通，努力营造有利于大学生健康成长的良好氛围。

切实帮助大学生解决实际问题。要开展深入细致的谈心活动，帮助大学生解疑释惑。采取切实措施，帮助大学生缓解来自经济、就业、学习和生活等方面的压力，帮助他们培养良好的心理素质。

认真做好大学生心理辅导和咨询工作。高校要面向全体大学生，做好心理辅导和咨询工作。通过个别咨询、团体咨询、电话咨询、网络咨询、书信咨询、班级辅导、心理行为训练等多种形式，为大学生提供及时、有效、高质量的心理健康指导与服务。要做好新生、应届毕业生、家庭贫困学生，特别是学习困难学生、失恋学生、违纪学生、言行异常学生的心理辅导和咨询工作，帮助他们化解心理压力，克服心理障碍。发现存在严重心理障碍和心理疾病的学生，要及时转介到专业卫生机构进行治疗。

充分发挥课堂教学在大学生心理健康教育中的重要作用。高校要普及大学生心理健康教育，发挥哲学社会科学特别是思想政治理论课中相关课程教学对提高大学生心理素质的重要作用。要结合实际，有针对性地开设相关选修课程。要不断丰富心理健康教学内容，改进教学方法，通过案例教学、体验活动、行为训练等形式提高课堂教学效果。

积极开展心理健康宣传教育活动。高校要充分发挥学校广播、电视、校刊、校报、橱窗、板报以及校园网络的作用，大力宣传普及心理健康知识。要积极组织大学生心理健康宣传日或宣传周、心理剧场、心理沙龙、心理知识竞赛等活动，努力开办网上心理健康栏目，经常举办心理健康讲座。要支持大学生成立心理健康教育社团组织，发挥大学生在心理健康教育中互助和自助的重要作用。

努力构建和完善大学生心理问题高危人群预警机制。高校要认真开展大学生心理健康状况摸排工作，积极做好心理问题高危人群的预防和干预工作，要特别注意防止因严重心理障碍引发自杀或伤害他人事件发生，做到心理问题及早发现、及时预防、有效干预。要建立咨询教师值班制、异常情况及时报告制，建立从学生骨干、辅导员、班主任到院系、部门、学校的快速危机反应机制，建立从心理健康教育机构到校医院、专业精神卫生机构的快速危机干预通道。

三、大力加强大学生心理健康教育队伍建设

建设一支以专职教师为骨干，专兼结合、专业互补、相对稳定、素质较高的

大学生心理健康教育和心理咨询工作队伍。要坚持少量、精干的原则，配备一定数量专职从事大学生心理健康教育的教师。专职人员原则上要纳入大学生思想政治教育队伍序列。设有教育学、心理学、生理学、医学等教学机构的学校，也可纳入相应专业序列。兼职教师开展心理辅导和咨询活动要计算工作量或给予合理报酬。

加强大学生心理健康教育和咨询工作专兼职教师的培训。教育部要分批对大学生心理健康教育骨干教师开展重点培训。各省（自治区、直辖市）教育部门和高校要采取有效措施，对大学生心理健康教育队伍进行培训，并参照国家有关部门心理咨询专业人员相关规定和要求，逐步使专职心理健康教育和咨询人员达到持证上岗要求。

高校所有教职员工都负有教育引导大学生健康成长的责任。要根据学生思想动态和心理状况，在教学、管理和服务中，有意识、有针对性地做好教育引导工作。要重视大学生思想政治教育工作人员，特别是辅导员和班主任在大学生心理健康教育中的重要作用，加强培训，使他们了解和掌握心理健康教育的基本知识和方法，帮助大学生处理好学习成才、择业交友、健康生活等方面遇到的具体问题，提高思想政治教育的针对性和实效性。

四、切实建立和完善大学生心理健康教育领导体制与工作机制

教育部成立全国大学生心理健康教育专家指导委员会，对全国大学生心理健康教育提供咨询与指导。各省（自治区、直辖市）教育部门要高度重视并统筹规划本地大学生心理健康教育工作，在政策指导、人才培养、资源共享和督导检查等方面发挥重要作用。

高校要把大学生心理健康教育和咨询工作纳入学校思想政治教育重要议事日程，加强领导。不断完善和健全心理健康教育的工作机制，形成课内与课外、教育与指导、咨询与自助相结合的心理健康教育工作体系。要在学生工作系统设立大学生心理健康教育和心理咨询工作的专门机构，配备专职专业人员，具体负责组织实施大学生心理健康教育，切实做好心理咨询工作。

不断完善大学生心理健康教育的保障机制。各省（自治区、直辖市）教育部门和高校要保证大学生心理健康教育必需的工作经费和条件，确保工作顺利开展。要组织专家和高校从事大学生心理健康教育的工作队伍积极开展科学研究，为加强和改进大学生心理健康教育提供理论支持及决策依据。

各省（自治区、直辖市）教育部门和高校要根据本意见，结合实际，制定贯彻落实本意见的具体实施办法。

教育部办公厅关于印发《普通高等学校大学生心理健康教育工作实施纲要（试行）》的通知

为贯彻落实《中共中央国务院关于深化教育改革全面推进素质教育的决定》精神，进一步加强对全国普通高等学校大学生心理健康教育工作的领导和指导，根据《教育部关于加强普通高等学校大学生心理健康教育工作的意见》（教社政〔2001〕1号），特制定本实施纲要。

一、高等学校大学生心理健康教育工作的指导思想和主要任务

1．全面贯彻党的教育方针，以全面推进素质教育为目标，以提高大学生的心理素质为重点，促进学生全面发展和健康成长。推进高等学校大学生心理健康教育工作，要坚持重在建设、立足教育的方针。根据素质教育的基本要求，加强大学生心理健康教育的理论建设、制度建设、师资队伍建设和教育教学研究；坚持面向全体学生，坚持正面教育，根据学生身心发展特点和教育规律，提高大学生适应社会生活的能力，培养大学生良好的个性心理品质，促进大学生心理素质与思想道德素质、科学文化素质和身体素质的协调发展，增强高等学校德育工作的时代感以及针对性、实效性和主动性。推进高等学校大学生心理健康教育工作，要坚持以辩证唯物主义和历史唯物主义为指导，坚持科学性原则，防止唯心主义、封建迷信和伪科学的干扰，确保大学生心理健康教育工作的正确方向。

2．普通高等学校大学生心理健康教育工作的主要任务是：根据大学生的心理特点，有针对性地讲授心理健康知识，开展辅导或咨询活动，帮助大学生树立心理健康意识，优化心理品质，增强心理调适能力和社会生活的适应能力，预防和缓解心理问题。帮助他们处理好环境适应、自我管理、学习成才、人际交往、交友恋爱、求职择业、人格发展和情绪调节等方面的困惑，提高健康水平，促进德智体美等方面全面发展。

二、高等学校大学生心理健康教育工作的主要内容

3．宣传普及心理科学基础知识，使学生认识自身的心理活动与个性特点；宣传普及心理健康知识，使大学生认识到心理健康的重要作用，特别是心理健康对成才的重要意义，树立心理健康意识。

4．培训心理调适的技能，提供维护心理健康和提高心理素质的方法，使大学生学会自我心理调适，有效消除心理困惑，及时调节负性情绪；使大学生养成良好的学习习惯，掌握科学、有效的学习方法，提高学习能力，自觉地开发智力潜能，培养创新精神和实践能力；使大学生树立积极的交往态度，掌握人际沟通的方法，学会协调人际关系，增强适应社会生活的能力；使大学生自觉培养坚韧不拔的意志品质和艰苦奋斗的精神，提高承受和应对挫折的能力。

5. 认识与识别心理异常现象，使大学生了解常见心理问题的表现、类型及其成因，初步掌握心理保健常识，以科学的态度对待各种心理问题。

6. 根据大学生活不同阶段以及各层次、各学科门类学生、特殊群体学生的心理特点，有针对性地实施心理健康教育。新生心理健康教育重点放在适应新环境等内容上，帮助他们尽快完成从中学到大学的转变与适应；二、三年级学生心理健康教育要以帮助他们了解心理科学基础知识、初步掌握心理调适技能以及处理好学习成才、人际交往、交友恋爱、人格发展等方面的困惑为重点；对于毕业生，要配合就业指导工作，帮助他们正确认识职业特点，客观分析自我职业倾向，做好就业心理准备。在日常的学习、生活中，要针对大学生普遍存在的、较为集中的心理问题安排专题教育。要特别重视经济困难学生等特殊群体学生的心理健康教育工作。

三、高等学校大学生心理健康教育工作的途径和方法

7. 大学生心理健康教育工作是一项系统工程。要以课堂教学、课外教育指导为主要渠道和基本环节，形成课内与课外、教育与指导、咨询与自助紧密结合的心理健康教育的网络和体系。

8. 按照中宣部、教育部《关于印发〈关于普通高等学校“两课”课程设置的规定及其实施工作的意见〉的通知》（教社科［1998］6号）以及《中国普通高等学校德育大纲（试行）》、《思想道德修养教学大纲》的要求，在思想道德修养课中，科学安排有关心理健康教育的内容。各高等学校应创造条件，为大学生开设心理健康教育的课程或专题讲座、报告等。

9. 高等学校的教职员工，特别是教师要树立心理健康教育意识，科学实施教育教学工作。班主任、政治辅导员不仅要在日常思想政治教育中发挥作用，也要在增进大学生心理健康，提高大学生心理素质中发挥积极作用。

10. 重视开展大学生心理辅导或咨询工作。各高等学校要积极创造条件建立心理健康教育工作体系，开展经常性的心理辅导或咨询工作。心理辅导或咨询工作要以发展性辅导或咨询为主，面向全校学生，通过个别面询、团体辅导活动、心理行为训练、书信咨询、电话咨询、网络咨询等多种形式，有针对性地向大学生提供经常、及时、有效的心理健康指导与服务。辅导或咨询机构要科学地把握高等学校大学生心理健康教育工作的任务和内容，严格区分心理辅导或咨询中心与专业精神卫生机构所承担工作的性质、任务。在心理辅导或咨询中发现严重心理障碍和心理疾病的学生，要将他们及时转介到专业卫生机构治疗。

11. 积极创造条件，运用具有较高信度与效度、适合我国国情的心理评估工具，为实现大学生心理问题的早期发现、及时干预和跟踪服务提供参考，提高大学生心理健康教育工作的科学性和针对性。

12．充分利用高等学校广播、电视、计算机网络、校刊、校报、橱窗、板报等宣传媒体，多渠道、多形式地正面宣传、普及心理健康知识。要加强校园文化建设，营造积极、健康、高雅的氛围，陶冶大学生高尚的情操，增强学生相互关怀与支持的意识。

13．大力开展有益于提高大学生心理健康的第二课堂活动。高等学校要积极支持大学生成立心理健康教育方面的社团，通过举办生动活泼、丰富多彩的活动，强化学生的自觉参与意识，提高广大学生学习心理健康知识的兴趣，加深对心理知识的理解，解决一些在学习、生活中产生的心理困扰，达到自助与助人的目的。开展第二课堂活动，要配备专门的指导教师，以正面教育引导为主。

四、高等学校大学生心理健康教育工作的领导、管理以及师资队伍建设

14．教育部对全国普通高等学校大学生心理健康教育工作实施统一领导，统筹规划。组织国内心理科学专家、学者，以及大学生心理健康教育实际工作者对大学生心理健康教育工作进行研究、咨询、评价和指导；组织编写师资培训使用的正式教材和大学生心理健康教育科普读物；组织开展全国普通高等学校大学生心理健康教育师资培训工作。大学生心理健康教育工作是高等学校德育工作的重要组成部分。各地教育工作部门和各高等学校，要切实加强对大学生心理健康教育工作的领导，把心理健康教育工作纳入学校德育工作管理体系中，积极支持开展大学生心理健康教育工作，帮助解决工作中的困难和问题。各高等学校要成立大学生心理健康教育工作领导小组，由主管学生德育工作的党委副书记或副校长任组长，并明确职能部门具体负责协调和组织全校心理健康教育的教学、科研以及辅导或咨询工作。各高等学校应进一步完善或健全心理健康教育的工作体制和体系，充分利用有关资源和条件并积极创造条件开展工作，保证经费投入，为开展工作提供必要条件。

15．要通过专、兼、聘等多种形式，建设一支以专职教师为骨干，专兼结合、专业互补、相对稳定、素质较高的高等学校大学生心理健康教育工作队伍。专职从事大学生心理健康教育工作的教师要少量、精干，数量可根据实际需要自行确定，编制可从学校总编制或专职学生思想政治工作编制中统筹解决，原则上应纳入学生思想政治工作队伍管理序列，评聘相应的教师职务。设有教育学、心理学教学机构的高等学校，也可纳入相应专业队伍管理序列。兼职教师和心理辅导或咨询人员，按学校有关规定计算工作量或给予报酬。

16．大学生心理健康教育是一项专业性强、要求高的工作，从事这项工作的教师必须经过系统培训，恪守职业道德，不断提高专业水平。建立全国高校大学生心理健康教育教师培训中心，积极开展对从事大学生心理健康教育工作的专、兼职教师的业务培训，培训工作列入学校师资培训计划。培训内容包括职业道德、理论知识学习、操作技能训练、案例分析和实习督导等。要通过培训，不断提高他们从事大学生心理健康教育工作的职业道德以及所必备的基本理论、专业知识和技能水平。培训工作应规范化，坚持长期分类进行。对于通过培训达到上岗要求者，由教育部认定的有关承训机构颁发资格证书，逐步做到持证上岗。此外，还要重视对班主任、政治辅导员以及其他从事学生思想政治工作的干部、教师进行有关心理健康方面的业务培训。

17．组织开展普通高等学校大学生心理健康教育的督导工作。为了使大学生心理健康教育工作健康发展、落到实处，教育部将组织研究制定大学生心理健康教育工作的评价与督导指标体系，组织或委托国内心理科学的专家、学者以及大学生心理健康教育实际工作者对各地、各高等学校开展大学生心理健康教育工作的情况进行督导。督导内容包括学校重视和支持程度，机构设置，师资队伍建设，教学、科研和开展辅导或咨询的情况以及工作的实效等。

18．教育部将进一步研究制定加强普通高等学校大学生心理健康教育工作的有关政策，组织开展大学生心理健康教育工作的课题研究和工作、学术交流。各地教育工作部门和各高等学校要结合本地、本校的实际情况，制定明确的政策并予以必要的保证，切实做到领导责任落实、机构设置落实、队伍建设落实、制度建设落实、工作场地落实、经费投入落实，努力把大学生心理健康教育工作提高到一个新水平。

普通高等学校学生心理健康教育工作基本建设标准（试行）

加强和改进大学生心理健康教育是新形势下贯彻落实全国教育工作会议和《国家中长期教育改革和发展规划纲要（2010—2020年）》精神，促进大学生健康成长、培养造就拔尖创新人才的重要途径，是全面贯彻党的教育方针、建设人力资源强国的重要举措，是推动高等教育改革、加强和改进大学生思想政治教育的重要任务。为推进大学生心理健康教育工作科学化建设，根据《中共中央国务院关于进一步加强和改进大学生思想政治教育的意见》（中发〔2004〕16号）和《教育部 卫生部 共青团中央关于进一步加强和改进大学生心理健康教育的意见》（教社政〔2005〕1号）等文件精神，特制订本标准。

一、大学生心理健康教育体制机制建设

1．高校应将大学生心理健康教育纳入学校人才培养体系。应成立专门工作领导小组，指定主管校领导负责，心理健康教育和咨询机构、学生工作部门、宣传部门、教务部门、人事部门、财务部门、安全保卫部门、后勤保障服务部门、校医院以及各院（系）、研究生院和相关学科教学研究单位等负责人为成员，负责研究制订大学生心理健康教育工作的规划和相关制度，统筹领导全校大学生心

理健康教育工作。党委常委会或校长办公会应定期听取专门工作汇报，研究部署工作任务，解决存在的问题。

2. 高校应有健全的校、院（系）、学生班级三级心理健康教育工作网络，各级各部门应有明确的职责分工和协调机制。学校应有机构负责大学生心理健康教育和咨询，纳入学校思想政治教育工作体系，具体组织协调开展全校学生心理健康教育工作；院（系）应安排专兼职教师负责落实心理健康教育工作；组织学生班委会、党团支部等学生组织积极协助辅导员、班主任和研究生导师开展心理健康教育工作。

3. 高校应根据实际情况，研究制订大学生心理健康教育工作的意见或实施办法。应建立考核、奖惩机制，制订年度工作计划。

4. 高校应围绕心理健康教育和咨询机构的规范管理、心理危机预防与干预、心理咨询工作流程、心理健康教育课程教学、心理健康教育从业者职业道德规范等内容，建立健全各项规章制度。

二、大学生心理健康教育师资队伍建设

5. 高校应建设一支以专职教师为骨干，专兼结合、相对稳定、素质较高的大学生心理健康教育和心理咨询工作队伍。高校应按学生数的一定比例配备专职从事大学生心理健康教育的教师，每校配备专职教师的人数不得少于 2 名，同时可根据学校的实际情况配备兼职教师。

6. 高校应将大学生心理健康教育师资队伍建设纳入学校整体教师队伍建设工作中，加强选拔、配备、培养和管理。从事大学生心理健康教育的教师，特别是直接从事心理咨询服务的教师，应具有从事大学生心理健康教育的相关学历和专业资质。专职教师的专业技术职务评聘应纳入大学生思想政治教育教师队伍序列，设有教育学、心理学、医学等教学研究机构的学校，也可纳入相应专业序列。专兼职教师开展心理辅导和咨询活动应计算相应工作量。

7. 高校应重视大学生心理健康教育专兼职教师的专业培训工作，将师资培训工作纳入年度工作计划和年度经费预算。应保证心理健康教育专职教师每年接受不低于 40 学时的专业培训，或参加至少 2 次省级以上主管部门及二级以上心理专业学术团体召开的学术会议。适时安排从事大学生心理咨询的教师接受专业督导。应支持大学生心理健康教育教师结合实际工作开展科学研究。

8. 高校所有教职员工都负有教育引导学生健康成长的责任，要着力构建和谐、良好的师生关系，强化大学生心理健康教育的全员参与意识。学校应将心理健康教育内容纳入新进教师岗前培训课程体系。辅导员、班主任、研究生导师是大学生心理健康教育工作的重要力量，每年应为他们至少组织一次心理健康教育专题培训。应对学生宿舍管理员等后勤服务人员开展相关常识培训。

三、大学生心理健康教育教学体系建设

9. 高校应充分发挥课堂教学在大学生心理健康教育工作中的主渠道作用，根据心理健康教育的需要建立或完善相应的课程体系。学校应开设必修课或必选课，给予相应学分，保证学生在校期间普遍接受心理健康课程教育。

10. 高校应充分考虑学生的心理发展规律和特点，科学规范大学生心理健康教育课程的教学内容，切实改进教育教学方法。应有专门的教学大纲或教学基本要求。教学内容设计应注重理论联系实际，力求贴近学生。应通过案例教学、体验活动、行为训练等多种形式提高课堂教学效果，通过教学研究和改革不断提升教学质量。

四、大学生心理健康教育活动体系建设

11. 高校应面向全体学生开展心理健康教育活动，不断创新心理健康教育活动形式，拓展心理健康教育途径，积极营造良好的心理健康教育氛围。

12. 高校应通过广播、电视、校刊等多种媒介，积极开展心理健康教育宣传活动，应重视心理健康教育网络平台建设，开办专题网站（网页），充分开发利用网上教育资源。

13. 高校应充分发挥广大学生在心理健康教育工作中的主体作用，满足学生自我成长的心理需要。应重视发挥班集体建设在大学生心理健康教育中的重要作用，支持学生成立心理社团，组织开展心理健康教育活动，普及心理健康知识，充分调动学生自我认识、自我教育、自我成长的积极性、主动性。

五、大学生心理咨询服务体系建设

14. 高校应根据行业要求设立心理咨询室，为学生提供心理咨询服务。有条件的高校可在院（系）及学生宿舍设立心理健康教育辅导室。心理咨询室开放的时间应能满足学生的咨询需求。

15. 高校应加强心理咨询制度建设，遵循心理咨询的伦理规范，保证心理咨询工作按规定有效运行。应建立健全心理咨询的值班、预约、重点反馈等制度。应加强心理咨询个案记录与档案管理工作，坚持保密原则，按规定严格管理心理咨询记录和有关档案材料。应定期开展心理咨询个案的研讨与督导活动，不断提高心理咨询的专业水平。

16. 高校应通过多种途径开展心理咨询服务。应经常开展团体辅导活动，针对不同学生群体的需求，研究制订相应的团体辅导计划和实施方案，努力帮助学生解决心理问题，促进健康发展。应向全校学生公布心理健康教育和咨询机构的咨询信箱、咨询电话和网址。有条件的学校可提供网上咨询预约和网络咨询服务。

六、大学生心理危机预防与干预体系建设

17. 高校应坚持预防为主的原则，重视心理健康知识的普及宣传工作，充分发挥心理健康教育工作网络的作用，通过新生心理健康状况普查、心理危机定期排查等途径和方式，及时发现学生中存在的心理危机情况。学校要对有较严重心理障碍的学生予以重点关注，并根据心理状况及时加以疏导和干预。应加强对患精神疾病学生康复及康复后的关注跟踪。

18. 高校应制订心理危机干预工作预案，明确工作流程及相关部门的职责。应积极在院（系）、学校心理健康教育和咨询机构、校医院、精神疾病医疗机构等部门之间建立科学有效的心理危机转介机制。有条件的高校可在校医院设立精神科门诊，或聘请精神专科职业医师到校医院坐诊。对有较严重障碍性心理问题的学生，应及时指导学生到精神疾病医疗机构就诊；对有严重心理危机的学生，应及时通知其法定监护人，协助监护人做好监控工作，并及时将学生按有关规定转介给精神疾病医疗机构进行处理。转介过程应详细记录，做到有据可查。

19. 高校应按照有关规定做好心理危机事件善后工作，应重视对危机事件当事人及其相关人员提供支持性心理辅导，最大程度地减少危机事件的负面影响。应及时总结经验教训，提高师生对心理危机事件的认识以及应对心理危机的能力。

七、大学生心理健康教育工作条件建设

20. 高校应保障心理健康教育工作经费，并纳入学校预算，确保大学生心理健康教育的日常工作需要。

21. 高校应加强心理健康教育和咨询场地建设。心理健康教育和咨询场地的建设应符合大学生心理健康教育工作的特点和要求，能够满足学生接受教育和咨询的需求。心理健康教育和咨询场地包括预约等候室、个体咨询室、团体辅导室、心理测评室等。

22. 高校应为心理健康教育和机构配备必要的办公设备、常用心理测量工具、统计分析软件和心理健康类书籍等心理健康教育产品。

普通高等学校学生心理健康教育课程教学基本要求

加强和改进大学生心理健康教育是全面落实教育规划纲要、促进学生健康成长、培养造就高级专门人才的重要途径，是全面贯彻党的教育方针、建设人力资源强国的重要举措，是全面提高高等教育质量、加强和改进大学生思想政治教育的重要任务。为充分发挥课堂教学在大学生心理健康教育工作中的主渠道作用，根据《中共中央 国务院关于进一步加强和改进大学生思想政治教育的意见》（中发〔2004〕16 号）、《教育部 卫生部 共青团中央关于进一步加强和改进大学生心

理健康教育的意见》（教社政〔2005〕1号）、《教育部办公厅关于印发〈普通高等学校学生心理健康教育工作基本建设标准（试行）〉的通知》（教思政厅〔2011〕1号）等文件精神，特制定本基本要求。各高校要根据学生心理健康教育的需要，结合本校实际，制订科学、系统的教学大纲，组织实施相应的教育教学活动，保证学生在校期间普遍接受心理健康课程教育。

一、课程性质与教学目标

高校学生心理健康教育课程是集知识传授、心理体验与行为训练为一体的公共课程。课程旨在使学生明确心理健康的标准及意义，增强自我心理保健意识和心理危机预防意识，掌握并应用心理健康知识，培养自我认知能力、人际沟通能力、自我调节能力，切实提高心理素质，促进学生全面发展。

通过课程教学，使学生在知识、技能和自我认知三个层面达到以下目标。

知识层面：通过本课程的教学，使学生了解心理学的有关理论和基本概念，明确心理健康的标准及意义，了解大学阶段人的心理发展特征及异常表现，掌握自我调适的基本知识。

技能层面：通过本课程的教学，使学生掌握自我探索技能，心理调适技能及心理发展技能。如学习发展技能、环境适应技能、压力管理技能、沟通技能、问题解决技能、自我管理技能、人际交往技能和生涯规划技能等。

自我认知层面：通过本课程的教学，使学生树立心理健康发展的自主意识，了解自身的心理特点和性格特征，能够对自己的身体条件、心理状况、行为能力等进行客观评价，正确认识自己、接纳自己，在遇到心理问题时能够进行自我调适或寻求帮助，积极探索适合自己并适应社会的生活状态。

二、主要教学内容

第一部分：了解心理健康的基础知识

通过本部分的学习，使学生了解心理健康的标准及意义，了解异常心理的表现，树立正确的心理健康观念。

（一）大学生心理健康导论

教学目标：通过教学使学生了解心理健康知识、大学生心理健康的标准，树立正确的心理健康观念，能够自主地调整心理状态，维护自身的心理健康。

教学内容：

1. 认识心理活动的特点和实质；
2. 了解大学生心理发展的特点；
3. 掌握大学生心理健康的标准；
4. 了解影响大学生心理健康的主要因素。

教学方法：课堂讲授、课堂活动、案例分析

（二）大学生心理咨询

教学目标：通过教学使学生了解心理咨询的基本概念和功能、心理咨询的内容与类型，建立正确的心理咨询观念以及自助求助的意识。

教学内容：

1．心理咨询的概念和功能；

2．大学生心理咨询的意义和特点；

3．大学生心理咨询的内容与类型。

教学方法：课堂讲授、课堂活动、角色扮演

（三）大学生心理困惑及异常心理

教学目标：通过教学使学生了解常见的大学生心理困惑及异常心理，了解心理疾病，懂得哪些状态可以通过自我调整或心理咨询进行解决，哪些心理疾病需要专业医疗机构诊治。

教学内容：

1．大学生常见的心理困惑及异常心理；

2．大学生常见的心理疾病及其应对。

教学方法：课堂讲授、小组讨论、案例分析

第二部分：了解自我，发展自我

（一）大学生的自我意识与培养

教学目标：通过教学使学生认识自我发展的重要性，了解并掌握自我意识发展的特点，能够识别在自我意识发展过程中出现的偏差及原因，并能够对其进行调适，建立自尊自信的自我意识。

教学内容：

1．自我意识概述；

2．大学生自我意识发展的特点；

3．大学生自我意识偏差及其调适；

4．自我意识的评估。

教学方法：课堂讲授、心理测试、案例分析、体验活动

（二）大学生人格发展与心理健康

教学目标：通过教学使学生了解人格的基本知识、当代大学生的人格特征和自我人格发展状况，掌握大学生常见人格缺陷的表现、形成原因及调适方法。

教学内容：

1．人格概述；

2．大学生的人格特征；

3. 人格发展异常的表现与评估；

4. 大学生人格完善的途径和调适方法。

教学方法：课堂讲授、心理测试、案例分析

第三部分：提高自我心理调适能力

（一）大学期间生涯规划及能力发展

教学目标：通过教学帮助学生了解在大学期间需要发展的能力目标，并在此基础上对自己的大学生涯进行规划，有目的地安排自己的时间，更好适应大学生活，获得自我发展。

教学内容：

1. 大学生活的特点及生涯规划；

2. 大学生能力概述及发展目标；

3. 大学期间生涯规划的制定；

4. 学会时间管理。

教学方法：课堂讲授、小组讨论

（二）大学生学习心理

教学目标：通过教学使学生了解大学学习活动的基本特点与学习心理特点，了解大学生学习心理障碍的表现及成因，学会调适学习心理障碍，使自己拥有良好的学习心理状态。

教学内容：

1. 大学生学习特点与心理机制；

2. 大学生学习能力的培养及潜能开发；

3. 大学生常见的学习心理障碍及调适。

教学方法：课堂讲授、案例分析、小组讨论

（三）大学生情绪管理

教学目标：通过教学使学生了解自身的情绪特点，掌握情绪调适的方法，自主调控情绪，保持良好的情绪状态。

教学内容：

1. 情绪概述；

2. 大学生情绪特点及其影响；

3. 培养良好的情绪；

4. 不良情绪的表现及调适。

教学方法：课堂讲授、情景表演、案例分析、团体训练

（四）大学生人际交往

教学目标：通过教学使学生了解人际交往的意义、特点及类型，理解影响大

学生人际交往的因素，掌握基本的交往原则和技巧，了解人际关系障碍的类型及调适方法，增强人际交往能力。

教学内容：

1. 人际关系概述；

2. 大学生人际交往及影响因素；

3. 大学生人际交往原则及技巧；

4. 大学生人际关系障碍及调适。

教学方法：课堂讲授、情景表演、案例分析、团体训练

（五）大学生性心理及恋爱心理

教学目标：通过教学使学生了解自身性生理和心理的发展，认识大学生恋爱心理的特点，了解大学生在性心理和恋爱心理方面存在的问题，形成对性心理和恋爱心理的正确认识。

教学内容：

1. 性心理的发展和大学生性心理的特点；

2. 大学生性心理问题及调适；

3. 大学生恋爱心理发展的规律特点和常见问题；

4. 培养健康恋爱观和择偶观。

教学方法：课堂讲授、案例分析、小组讨论

（六）大学生压力管理与挫折应对

教学目标：通过教学使学生正确理解压力和挫折，了解大学生压力及挫折的主要来源，了解压力与挫折对人生的意义，学会正确管理压力和应对挫折。

教学内容：

1. 压力和挫折概述；

2. 大学生压力和挫折的产生与特点；

3. 压力和挫折对大学生心理的影响；

4. 压力管理与挫折应对。

教学方法：课堂讲授、心理测试、案例分析、小组讨论

（七）大学生生命教育与心理危机应对

教学目标：通过教学使学生认识生命，尊重生命，珍爱生命，帮助大学生识别心理危机的信号，掌握初步的干预方法，预防心理危机，维护生命安全。

教学内容：

1. 生命的意义；

2. 大学生心理危机的表现；

3. 大学生心理危机的预防与干预。

教学方法：课堂讲授、心理测试、角色扮演、小组讨论

三、课程设置与教材使用

按照《基本要求》，各高校应当根据学生培养目标，结合本校实际情况，设计心理健康教育课程体系。以下是两种课程开设方式，供设计课程体系时参考：

1. 开设一门“大学生心理健康教育”公共必修课程，覆盖全体学生。

2. 在第一学期开设一门“大学生心理健康教育”公共必修课程，在其他学期开设相关的公共选修课程，形成系列课程体系。有条件的可以增开与大学生素质教育、心理学专业知识有关的选修课程。

每种方式的课程内容由学校结合实际科学确定，但应包括《基本要求》的主要教学内容。

课程教材使用优质教材。

四、教学模式与教学方法

1. 高校学生心理健康教育课程既有心理知识的传授，心理活动的体验，还有心理调适技能的训练等，是集知识、体验和训练为一体的综合课程。课程要注重理论联系实际，注重培养学生实际应用能力。

2. 课程要充分发挥师生在教学中的主动性和创造性。教师要尊重学生的主体性，充分调动学生参与的积极性，开展课堂互动活动，避免单向的理论灌输和知识传授。

3. 课程要采用理论与体验教学相结合、讲授与训练相结合的教学方法，如课堂讲授、案例分析、小组讨论、心理测试、团体训练、情景表演、角色扮演、体验活动等。

4. 在教学过程中，要充分运用各种资源，利用相关的图书资料、影视资料、心理测评工具等丰富教学手段。也可以调动社会资源，聘请有关专家，举办专题讲座等各类活动补充教学形式。

五、教学管理与条件支持

1. 要把高校学生心理健康教育课程纳入教学计划和培养方案。主干教育课程作为公共必修课设置 2 个学分，32—36 个学时。延伸教育课程可根据学生情况和需要分布在不同学期开设。

2. 加强心理健康教育教师队伍建设。要建立师德高尚、业务精湛、结构合理、充满活力的心理健康教育专业化师资队伍，加强教师的培养和培训工作，鼓励教师积极开展教学研究和团队教学，参与心理咨询和心理训练。可以聘请有关方面专家加入教学队伍，创造性地开展各种形式的教学活动，促进教学水平和教学效果的不断提高。鼓励有条件的辅导员参与相应课程教学。

3. 要积极创造条件，为课程教学提供必要的设备和资料，如心理测评系统、心理教育软件、音像教学资料等，配备合适的教学场所。

六、组织实施与教学评估

1. 高校学生工作部门、教务部门、心理健康教育和咨询机构及相关学科教学研究单位共同组织实施课程开设工作。

2. 课程教学评估内容包括学生对知识的理解和掌握程度，以及学生心理调适能力的提高等方面，以学生解决实际问题的能力为评估重点。

大学生心理健康量表

指导语：以下列出了一些人可能会有的问题，请仔细阅读每一条，然后根据自己最近一个月的实际感觉，选择最符合自己的一种情况，并在相应的地方画"√"。

题号	题目	没有	偶尔	有时	经常	总是
1	头痛或头晕					
2	浑身软弱无力					
3	做事情必须反复检查					
4	不能容忍自己的缺点					
5	为做事达不到预定目标而烦恼					
6	不允许出现差错					
7	无法控制自己重复做某些事，如：不停地检查门是否关好，不断地洗手或数数等					
8	头脑中有不必要的想法或字词盘旋					
9	感到手或脚沉重					
10	有困难时若没人帮助，会无所适从					
11	做事不主动					
12	担心朋友会不理我					
13	不得不独立做某事的时候，仍希望有人帮助					
14	觉得很多事情自己处理不好					
15	没有别人的安排，不知道该做什么					
16	如果老师不布置任务，便不知道该干什么					
17	怕承担事情的后果					

（续表）

题号	题目	没有	偶尔	有时	经常	总是
18	明知是小事，还是会发火					
19	想占便宜					
20	对讨厌的人进行直接的攻击					
21	突发奇想地行事					
22	忍不住伤害令自己不满的人					
23	不顾场合大发雷霆					
24	做事情不考虑后果					
25	莫名其妙地对别人发火					
26	怀疑自己有不治之症					
27	感到很少有人理解自己					
28	对性的向往有罪恶感					
29	想骂人					
30	听到旁人听不到的声音或看到旁人不能看到的东西					
31	手淫后有悔恨感和负罪感					
32	怀疑旁人知道自己内心的想法					
33	憎恨周围的人					
34	容易疲乏					
35	感到烦闷、坐立不安					
36	过于敏感					
37	容易紧张					
38	失眠					
39	想到坏得说不出口的事					
40	对将来感到恐惧					
41	感到任何事情都很困难					
42	对一些事情感到提心吊胆					
43	对他人大发脾气					
44	对学习没有兴趣					
45	想偷懒					

（续表）

题号	题目	没有	偶尔	有时	经常	总是
46	难以集中精力做事					
47	胸闷					
48	感到生活空虚、无趣					
49	想占便宜					
50	感到自己没有价值					
51	处于高度警觉状态					
52	觉得自己缺乏吸引力					
53	猜疑别人会伤害自己					
54	觉得自己是一个失败者					
55	恶心					
56	担心别人瞧不起自己					
57	自己的才能得不到发挥					
58	觉得自己总是给他人带来麻烦					
59	觉得没有人真心关心自己					
60	觉得自己无论怎么努力都不会成功					
61	怕别人注意					
62	想骂人					
63	同异性相处时感到害羞					
64	参加聚会感到焦虑					
65	与权威人士谈话感到紧张					
66	有想摔打或破坏东西的冲动					
67	参加小组讨论感到紧张					
68	与陌生人见面就脸红					
69	呼吸有困难					
70	与他人争论不休					
71	沮丧、郁闷					
72	有想打人或伤害他人的冲动					
73	在人群中感到不自在					

（续表）

题号	题目	没有	偶尔	有时	经常	总是
74	容易激动					
75	当别人取得成绩时，很想打击他（她）一下					
76	嫉妒比自己幸运的人					
77	觉得别人爱出风头					
78	感到一阵阵发冷或发热					
79	觉得性行为是可耻的					
80	想到坏得说不出口的事					
81	对异性的好奇使我有罪恶感					
82	感到有人在监视自己、谈论自己					
83	觉得性梦是下流的					
84	感到别人能控制自己的思想					
85	想偷懒					
86	担心自己处女膜破损或性无能					
87	感到别人对自己怀有敌意					
88	怀疑自己的能力					
89	感到没有可以信任的人					
90	别人对我的侮辱让我耿耿于怀					
91	感到别人的善意都是有目的的					
92	别人对自己的成绩没有作出恰当的评价					
93	过度关注别人对自己的反应					
94	不愿听从别人意见					
95	生活习惯被打乱，会很生气					
96	做事情必须做得很慢以保证做得正确					
97	因性幻想而不能集中精力学习					
98	感到前途没有希望					
99	对看不惯的人或事，会忍不住去指责					
100	感到压抑					
101	害怕当众说话					

（续表）

题号	题目	没有	偶尔	有时	经常	总是
102	对一些无关紧要的事情感到过分忧虑					
103	感到有人要迫害自己					
104	觉得遗精（或月经）是肮脏的					

计分及结果解释由电脑软件处理。如有需要，可联系北京航空航天大学大学生心理健康教育中心。

图书在版编目(CIP)数据

大学生心理健康教育 / 邓丽芳，郑日昌主编. －北京：开明出版社，2012.10

（新世纪心理与心理健康教育文库）

ISBN 978－7－5131－0224－7

Ⅰ.①大… Ⅱ.①邓… ②郑… Ⅲ.①大学生－青年心理学 Ⅳ.①B844.2

中国版本图书馆 CIP 数据核字(2011)第 119648 号

责任编辑： 陈璘彬　沈伟　吴晨紫　杨怡

书　名： 大学生心理健康教育
出品人： 焦向英
出　版： 开明出版社
（北京海淀区西三环北路 25 号 邮编 100089）
经　销： 全国新华书店
印　刷： 保定市中画美凯印刷有限公司
开　本： 700×1000 1/16
印　张： 13.25
字　数： 205 千字
版　次： 2012 年 10 月 北京第 1 版
印　次： 2012 年 10 月 北京第 1 次印刷
定　价： 36.00 元

印刷、装订质量问题，出版社负责调换货　联系电话：(010)88817647